产品造型艺术

任成元 编著

清华大学出版社
北 京

图书在版编目(CIP)数据

产品造型艺术 / 任成元编著. — 北京：清华大学出版社，2019

ISBN 978-7-302-52815-9

Ⅰ. ①产… Ⅱ. ①任… Ⅲ. ①产品设计－高等学校－教材 Ⅳ. ①TB472

中国版本图书馆 CIP 数据核字（2019）第 082077 号

责任编辑：王佳爽
封面设计：李　尚
版式设计：方加青
责任校对：王荣静
责任印制：宋　林

出版发行：清华大学出版社
网　　址：http://www.tup.com.cn，http://www.wqbook.com
地　　址：北京清华大学学研大厦 A 座　　邮　　编：100084
社 总 机：010-62770175　　邮　　购：010-62786544
投稿与读者服务：010-62776969，c-service@tup.tsinghua.edu.cn
质 量 反 馈：010-62772015，zhiliang@tup.tsinghua.edu.cn
印 装 者：三河市国英印务有限公司
经　　销：全国新华书店
开　　本：170mm×240mm　　印　　张：11.25　　字　　数：188 千字
版　　次：2019 年 5 月第 1 版　　印　　次：2019 年 5 月第 1 次印刷
定　　价：40.00 元

产品编号：075169-01

前言

产品造型艺术是对产品的造型美进行设计分析与深化，强调造型美学的整体观、系统观，通过美学这一载体表达出产品的理念、风格、内涵、人文、市场、品质等信息。本书培养读者创造性思维和把控美的设计语言要素建立务实的设计观念。造型艺术具有开放式、宽口径、厚基础的学术理念，特点是多元、多维、多层、链状，同时强调造型美学的用途、市场价值，培养开发思维能力、鉴赏能力、创造能力、表达能力等，最终达到从构想到实现。

本书主要内容由产品设计美学的概述、产品设计造型美学元素、产品设计造型美学法则、产品设计造型美学的绽放、产品设计造型美学的应用实现、主题设计、设计欣赏几个板块构成。其中，在产品设计造型美学的绽放章节中，我用图文并茂的方式阐述产品设计美的规律，从感官（造型形态、产品色彩分析等）到内涵（价值、情趣等)介绍产品审美观。产品设计造型美学的应用以产品设计为例，以某一件产品的诞生到生命周期结束的全过程为表达载体，用拟人化的语言表述在设计这个庞杂而多角度的世界里，究竟如何展现美，应该采用什么样的方式方法（分别从形态、创意思路、材料工艺、设计表达、人机环境、文化内涵等展开）。希望本书能够帮助读者发掘创作潜能，书中的不足之处，请见谅。

任成元

于天津工业大学

目录

第1章

概　　述

第1节　关于设计美学

设计美学是时代发展、社会进步的必然产物，它产生于工业革命之后，随着产品的标准化、批量化、规范化生产，面对毫无创意、做工粗糙的商品，人们更加渴望既实用又美观的产品。因此，将实用与美观完美结合，提高人们的生活质量以满足人们物质需要和精神需求成为设计美学应运而生的主要原因。也可以理解为，设计美学的产生是为了更好地满足人们各式各样的生活要求，更好地改善人们的生活环境，为人们提供更加丰富多彩的物质文化和精神文化。设计以人为本，生活是设计的不竭动力。

设计美学在满足产品的实用性和功能性的同时，还要优化设计美感、提升产品的附加值、开发新产品及衍生产品，这些都是在当今竞争极为激烈的社会中，企业生存与发展必须强调的地方，产品附加值的创收是社会优胜劣汰的必要手段之一。

美学主要是指人们在漫长的社会生活中积累的，通过文字总结、概括与记载的，以美的形式作为理论的东西。现代基础美学主要包括三大部分，即美论、美感和艺术。比如，服装美学是一门交叉性实用美学，从属于基础美学。要想解开服装美的奥秘，就必须站在美学的高度，观瞻一下美学的发展历史。

设计是一门独立的艺术学科，它的研究内容和服务对象有别于传统的艺术门类，因此，设计美学也有别于传统的绘画和装饰，其研究内容自然也不能完全照搬传统的美学理论。

众所周知，设计是一门综合性极强的学科，它涉及社会、文化、经济、市场、科技等诸多方面，审美标准也随着诸多因素的变化而改变。设计的核心是创造，是解决问题的过程，要求新、求异、求变、求不同，否则设计将不能称为设计。而这个“新”有着不同的层次，它可以是改良性的，也可以是创造性的。但无论如何，只有新颖的设计才会在大浪淘沙中闪烁出与众不同的光芒，迈出走向成功的第一步。

一个设计之所以被称为“设计”，是因为它解决了问题。设计不可能独立于社会和市场而存在，符合价值规律是设计存在的直接原因。如果设计师不能为企业创造更多的价值，相信世界上便不会有设计这个行业了。归根结底，设计是为人而设计，服务于人设计的最终目的是生活需要。自然，设计之美也遵循人类基本的审美观。对称、韵律、均衡、节奏、形体、色彩、材质、工艺……凡是我们能够想到的审美法则，似乎都能够在设计中找到相应的应用。

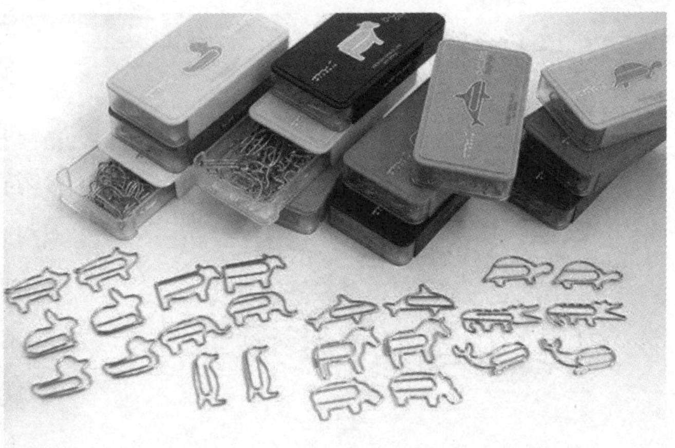

一般而言，具有美感经验和使用功能的造型活动，都可以称为“设计”。所谓的美感经验与使用功能，不只是由创作者来感受与判断的，也要通过生产者、消费者来判断。在科学技术的基础上，综合社会、人文、经济、技术、心理、艺术等各种因素，以大批量地生产来满足人的全面需要的产品为目的所进行的创造性的生产实践活动都可以称为设计。

现代设计美学的价值和意义在今天的生活中普遍存在。现代设计美学的熟练运用对专业设计师来说是必要的，对于美学家和艺术理论家来说是不应忽视的，对于公众来说也是很有帮助的。对于产品设计师而言，设计就是用产品元素语言来沟通、说服的造型活动。当然，对造型美的感受能力是第一步。先学会对“美”的感受，再熟悉对“美”的安排。回归设计的要素，其中有三大部分：第一，造型美的感受能力以及由此开拓的技术；第二，事、物、情的感受能力以及由此所开拓的技术；第三，美感与诗意的结合能力及由此开拓的技术。现代设计运动拓展了形而下的美学和实验美学的领域，后现代设计运动则打开符号美学和文化美学的领域。因此，这些发展将美感的通则以三部分来讨论：造型美感的元素、造型美感的原则、跨越抽象美的原则（文化造型里的符号故事）。造型美感元素包括形与点、线、面、体、空间，色、光、质感、纹理与量感等。造型的原则就是如何美感地安排造型元素，还要探讨造型元素的关系。

艺术品的功能在于重现美感经验，设计除了捕捉美感，更注重实用功能。所以，设计活动与设计作品通常比艺术品更加能够与生活密切结合，这也是设计中的美学愈显重要的原因。下图是无印良品的设计美学。

简约、朴素

给予归属感

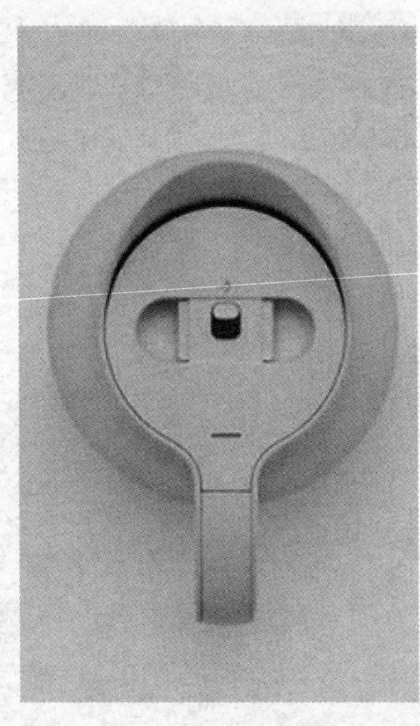

第 2 节　审美心理学

审美心理学是研究和阐释人类审美过程中的心理活动规律的心理学分支。所谓审美，主要是指美感的产生和体验，而心理活动指的是人的知、情、意，因此审美心理学可以说是一门研究和阐释人类美感的产生和体验中的知、情、意的活动过程，以及个性倾向规律的学科。

审美心理学形成于 20 世纪中叶，是一门美学、文艺学、心理学、生理学以及其他相关学科交叉的科学。我国在 20 世纪 80 年代初兴起这门学科，包括审美心理结构和审美心理法则。审美心理学在国内率先提出了“审美心理结构”这一命题，指出审美心理结构是一种生理机能、心理机能、心理内容、形式内容、接受及创造功能有机统一的多因素、多维度、多层次的动力结构系统，是构成主客体审美关系的中间环节，是包括客体成为人的审美对象和主体成为人的审美主体、创造主体的内在根源。这一命题早已为学界普遍接受和运用。

审美心理学也是美学与心理学之间的边缘学科。有人对审美心理学做广义的理解，使它等同于心理美学、文艺心理学等。按照这种广义的理解，审美心理学还要研究和说明人类从事各种文学艺术活动时的心理活动和特征。

第 3 节　美 的 定 义

人对自己的需求被满足时所产生的愉悦反应即为对美感的反应。美不是孤立的对象，而是与人的需求被满足时的精神状态相联系的人与刺激的互动过程，这种动态的过程包括三个要素：

（1）信号——引起愉悦反应的一切刺激，包括第一信号和第二信号；它是产生美的原因。

（2）人——即美产生的主体。

（3）美感——人的需要被满足时人对自身状况产生的愉悦反应，它可以是现实需要被直接满足时的感受，也可以是以往需求被满足的经验和记忆。

由美的定义出发进行演绎，可以对美进行合理分类，把自然美、社会美、相对美、形象美、朦胧美等都归入“美”这个概念。

由于人的需要随时间、地点在变化，所以美的概念是动态的，美的外延也是不确定的。如果按人感知客观世界的方式（嗅、触、尝、听、看、想）划分，美可分为实用美、形式美、音乐美、精神美和创造美；如果按人的需要层次为标准，美可分为生理美、先验美和精神美；如果按人活动的场所划分，美可分为自然美和社会美；如果按美产生时，实物有无刺激划分，美又可分为直接美和间接美。如果按引起美的刺激是第一信号系统还是第二信号系统，美可以分为实物美和信号美……

第 4 节　美的本质和规律

美的本质是人的需求被满足。当人的需求被满足时，就产生美感。

美的规律是指人类在欣赏美和创造美的过程中，以及在一切实践活动中，所表现出来的有关美的尺度、标准等诸多规定的总和。美的规律的基本内容是：任何人的对象化劳动的产品（包括艺术品），只要其外在具体的感性形状、形象、形式既符合这些产品的所属的物体的尺度，又符合人对该产品的衡量尺度，这就具有审美意义，这两种尺度的统一的客体表现就是美，主体表现就是美感。

美的规律在自然、生活、生产、工艺及各类艺术各种体裁形式中都有着丰富的内容，并随时代、社会、场合的不同而变化，而不是单一的、绝对的、永恒不变的。它有客观标准，又有多样表现。美的规律不能任意违背，也不能随意创造，只能发现、遵循和利用，但它不是一朝暴露的，也不能一朝发现和掌握，而需要经过长期的反复实践和探索。在审美欣赏和创造中，美的规律有极其广阔丰富的内容和千变万化、无限多样的表现。对它的发现和运用，是永远没有尽头的。美的规律也就是人的需求的规律。人有怎样的需求，美就是怎样的。

第 5 节 美的哲学定义

美是具体事物的组成部分，是具体的环境、现象、事情、行为、物体对人类生存发展具有的功利性能、正面意义和正价值，是个人在接触具体事物的过程中，受其作用、影响和刺激时产生愉悦、满足等美好感觉的原因，是人们通过反思和寻找美感产生的原因，是从具体事物中发现、彰显、界定和抽取出来的有别于丑的相对抽象事物或元实体。

美是具体事物的组成部分，美不能离开具体事物单独存在。美存在于个别具体的环境、现象、事情、行为、物体之中。美景、美酒、美玉、美事、美的生活都是包含美的具体事物。《庄子》有言：天地有大美而不言，四时有明法而不仪，万物有成理而不说。大美、明法、成理存在于天地、四时、万物之中，是天地、四时、万物的组成部分。柏拉图认为：美不是美的具体事物，美是理念，是美的具体事物所以美的原因。柏拉图所谓的理念，是指具体事物具有的规定、性能和组成部分，是指人通过认识，从个别具体事物中区分、界定、彰显和抽象出来的，包含两个或多个对立组成部分和冠名的抽象事物。美不是美的具体事物，美是美的具体事物包含的抽象事物。

美是具体事物具有的促进社会和人类生存发展的功利性能、正面意义和正价值。美是个别具体事物的组成部分，是价值的具体存在和表现形式之一，是和负价值相互对立的正价值，是和丑相对立的相对抽象事物或元实体。环境美、行为美、语言美、心灵美是指具体环境、具体行为、具体语言、具体心灵中包含着有利于社会和人类生存发展的特殊性质和能力，是指具体环境、具体行为、具体语言、具体心灵对社会和绝大多数人的生存发展具有的正面意义和正价值。

第 6 节 美 的 形 态

美的形态是指美的普遍本质的各种具体表现形态，包括社会美、自然美、艺术美，等等。

社会美

社会美是经常表现为各种积极肯定的生活形象。它包括人物、事件、场景、某些劳动过程和劳动产品等的审美形态，是社会实践的直接体现。

自然美

自然美是社会性与自然性的统一。它的社会性是指自然美的根源在于实践；自然性是指自然的某些属性、特征，即人的感官所能辨认的或在实践中肢体所能运用的那些自然原有的感性形式，它们是形成自然美的必要条件。自然美的主要特点是侧重于形式，以自然的感性形式直接唤起人的美感，它和社会功利的联系较为简单。

艺术美

艺术美是生活和自然中的审美特征的能动反映，是审美意识的集中物态化形态。艺术美作为美的高级形态源于客观现实，但并不等于现实，它是艺术家创造性劳动的产物。它包括两方面：艺术形象对现实的再现和艺术家对现实的情感、评价和理想的表现，是客观与主观、再现与表现的有机统一。它的特征在于其具有的审美功能，能给人提供在现实生活中难以获得的最为纯粹的美的愉悦和享受。

在产品设计中引入设计美学，运用设计美学指导设计，能增加设计物体独特的美感，创造出既实用又满足消费者不同需求的创新性产品，迎合消费者对美的追求，使企业立于不败之地，从而获得更多的市场占有率，创造更多的产品附加值，同时也建立起企业在消费者心中优秀的品牌形象，促使企业可持续性发展。设计源于生活，生活创造美感。

第 2 章

产品造型设计的美学元素

第 1 节　产品造型设计概述

产品造型设计是实现企业形象的统一识别的具体表现。以产品设计为核心展开的系统形象设计、塑造和传播企业形象、创造个性品牌，在激烈的市场竞争中获取收益。

产品造型设计服务于企业的整体形象设计，以产品设计为核心，围绕着消费者对产品的需求，更大限度地迎合个体与社会的需求而获得普遍的认同感，改变人们的生活方式，提高生活质量和水平。因此，对产品形象的设计和评价系统的研究具有十分重要的意义，评价系统复杂而变化多样，有许多不确定因素，其中包括人的生理和心理因素。通过对企业形象的统一识别的研究，并以此为基础，结合人与产品、与社会的关系展开讨论、探索。

产品造型设计主要通过造型、色彩、表面装饰和材料的运用而赋予产品以新的形态和新的品质，并从事与产品相关的广告、包装、环境设计与市场策划等活动，实现技术与美学艺术的和谐统一。

产品造型设计对形象的研究大都基于企业形象统一识别系统（CIS）。所谓企业形象，就是企业通过传达系统（标志、标识、标准字体、标准色彩），运用视觉设计和行为展现，将企业的理念及特性视觉化、规范化和系统化，来塑造公众认可、接受的具体评价形象，从而创造最佳的生产、经营和销售环境，促进企业的生存发展。企业通过经营理念、行为方式和统一的视觉识别而建立起企业的总体印象，它是一种复合的指标体系，分为内部形象和外部形象。内部形象是企业内部员工对企业自身的评价和印象，外部形象是社会公众对企业的印象评价，内部形象是外部形象的基础，外部形象是内部形象的目标。

产品的造型设计是企业的总体形象目标的细化，它是以产品设计为核心而展开的系统形象设计，对产品的设计、开发、研究的观念、原理、功能、结构、构造、技术、材料、造型、色彩、加工工艺、生产设备、包装、装潢、运输、展示、营销手段、广告策略等进行一系列的统一策划、统一设计，形成统一的感官形象和统一的社会形象，能够起到提升、塑造和传播企业形象的作用，使企业在经营信誉、品牌意识、经营谋略、销售服务、员工素质、企业文化等诸多方面彰显企业的个性，强化企业的整体素质，造就品牌效应，在激烈的市场竞争中拥有一席之地。

构思创意草图的工作将决定产品设计的成本和产品设计的效果，所以这一阶段是整个产品设计最为重要的阶段。通过思考形成创意，并快速记录下来，这一设计初期阶段的想法常表现为一种即时闪现的灵感，缺少精确尺寸信息和几何信息。基于设计人员的构思，通过草图勾画方式记录，绘制各种形态或者记录下设计信息，确定三至四个方向，再由设计师进行深入设计。

产品平面效果图和2D效果图将草图中模糊的设计结果确定化、精确化。通过这个环节生成精确的产品外观平面设计图，可以清晰地向客户展示产品的尺寸和大致的体量感，表达产品的材质和光影关系，是设计草图后的更加直观和完善的表达。

多角度效果图可以让设计者从多个视觉角度去感受产品的空间体量，全面地评估产品设计，减少设计的不确定性。

产品色彩设计是用来解决客户对产品色彩系列的要求，通过计算机调配出色彩的初步方案来满足对同一产品的不同的色彩需求，扩充客户产品线。另外，产品表面标志设计将是面板的亮点。VI（视觉识别系统）在产品上的导入使产品风格更加统一，简洁明晰的LOGO（商标）能够提供亲切直观的识别感受，同时也是精致的细节体现。

产品结构草图是设计产品内部结构的环节，它能够体现产品装配结构以及装配关系，评估产品结构的合理性，按设计尺寸，精确地完成产品的各个零件的结构细节和零件之间的装配关系。

产品造型设计必须满足用户的使用需求，形成技术解决方案。可以说，产品造型设计需要用理性的逻辑思维来引导感性的形象思维，以提供问题的解决方案，不可以任意发挥。产品形态美不仅仅是一种视觉感受，它要体现在产品与用户的交互过程中，而不是仅凭一个成果了事。产品造型设计是通过形、色、质三大元素给用户以美感。

第2节 符　　号

符号是一个抽象的概念，它往往是通过视觉经验和视觉联想来传达其形态包含的内容，表达某些含义。我们可以说，一切能构成某一事物的标志都可以称为符号。

符号学是一门研究人们运用符号进行信息交流、表达对产品的操作方式的学科。符号学是一种理论方法，它的目的是建立广泛可应用的交流规则。符号学主要包括信息符号、句法学、语义学和语用学。信息符号主要包括象征、索引、图形符号及信号。句法学是研究符号组成句子的规则，语义学是研究句子的含义，语用学是研究它的应用效果。

产品语义学是在符号学的理论基础上发展起来的。把符号学运用在产品设计中而形成整套的语义体系即产品语义学。产品语义学的主要研究对象是视觉图形、图像与形态。通过设计语言和符号的作用，把艺术设计造型语言的观念传达给用户并为之所理解和接受，它具有“传情达意”的作用，体现了设计要素之间的逻辑关系并成为沟通设计师与用户之间的桥梁，是传递信息的媒介。设计中符号的特性如下：

（1）认知性。在设计中，认知性是符号语言的根本特性。任一件产品都有其属性，在我们的头脑中形成概念。人们通过长期对事物的认识感知判断出产品的功用。产品用其特有的符号——造型语义表现自身功能，让消费者认知并产生共鸣，达到过目不忘的效果。认知性的强弱取决于对符号语言理解的准确度。如果一项设计作品不能为人认知，让人不知所云，那它就完全失去了意义。

（2）普遍性。现代设计是为大工业生产服务的，产品设计的根本目的是人而不是产品本身。设计者只有找出能让自己、客户、消费者都能理解的设计语言，也就是设计的符号语言只有具备了普遍性，设计作品才会在大众中广泛传播并为大众所接受。

（3）地域文化性。任何符号语言都只能在一定范围内被理解，只有符合特定背景的符号才能在这一范围内被更多的人所接受。这说明符号语义必须以一定的地域文化环境为基础才能发生作用。它和其他文化艺术一样具有传承文脉的特性，因为语义具有文化的属性。设计师要想自己的作品被更多人所接受，为人所喜爱，就必须将设计纳入特定的文脉中去考虑。对其了解得越全面、越深入，对符号的运用才越能得心应手，符号语义的潜在作用才能得到最大发挥。不同地域的文化往往能在产品中得到极大的体现。例如，北欧设计所独有的简洁、实用和自然的特点，德国产品的理性化，意大利产品的激情，等等，类似这些特性我们都能从地域的文化和当地的人文背景中找到答案。

（4）独特性。符号一般强调“求同”，这样才容易被理解和记忆，但是在设计中“求异”常常是关键。针对同一个主题，我们必须找出与之相关的尽可能多的表现形式，才能创作出与众不同的作品。在现代设计领域里，产品设计的对象不再是单纯的“物”，而是基于现代生活中人、机器、环境的相互关系所产生出的新的关系设计。其外延扩大了，三者之间的信息交流更加强调感性因素，更加注重界面的情感特征，要取得人们的感情共鸣，那么这种界面就应该具有丰富的感性内涵。总之，“达意”是创作之本，不要为了“独特”而独特，要切实把握好适度的原则。

众所周知，人与产品之间存在信息交流的关系，设计师在有了设计构想之后，首先要从社会经济、文化动向了解产品的性能特征，对目标对象进行文化层次、结构、经济状况等分析，然后运用自己的创造力，将构思转化为经过实践被大众所共识的视觉符号，从而准确引导使用者的行为，达到设计的目的。产品造型除了表达其目的性以外，还要透过造型语义来传达产品的文化内涵，表现设计师的设计哲学，体现特定社会的时代感和价值取向。

简约符号

简约的产品设计是一种方法，也是一种态度。在产品设计中，“取”得多的是复杂，“舍”得多的是简单，而“取舍”恰如其分，则简洁而明快。在市场消费中，简洁设计可以获取先机，是消费者与设计者之间的沟通方式，也是使用者的一种审美。简约之美体现了现代人类生活方式的内在要求，更能让我们的产品增加记忆符号。让消费者更快地记住。

镂空符号

镂，乃雕刻也。镂空就是在物体上雕刻出穿透物体的花纹或文字。镂空是一种雕刻技术，外面看起来是完整的图案，但里面是空的或者又在里面镶嵌小的镂空物件。镂空有空间感、活力感，其穿插错落，编织构建塑造出一种神秘且透气的感觉。

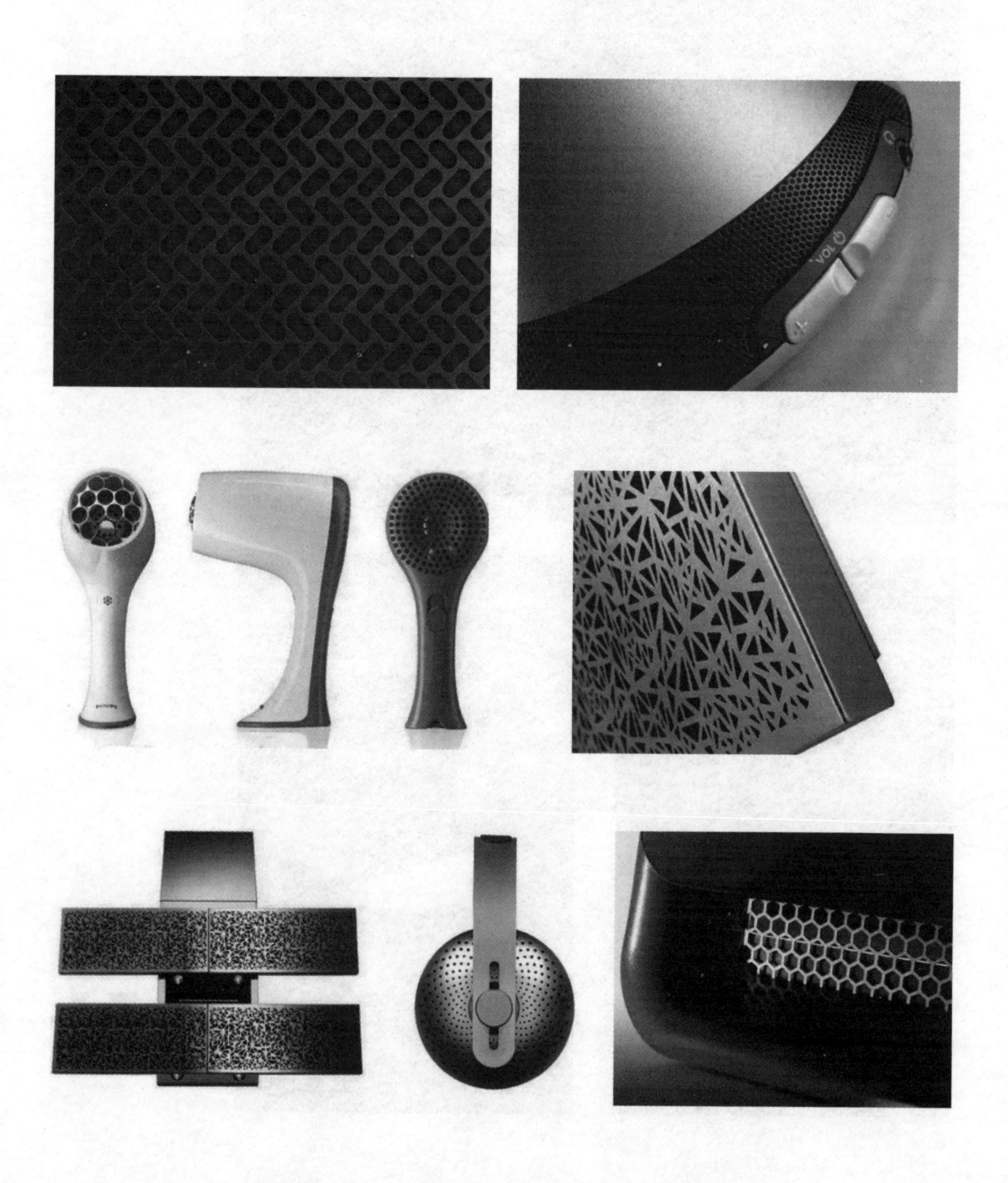

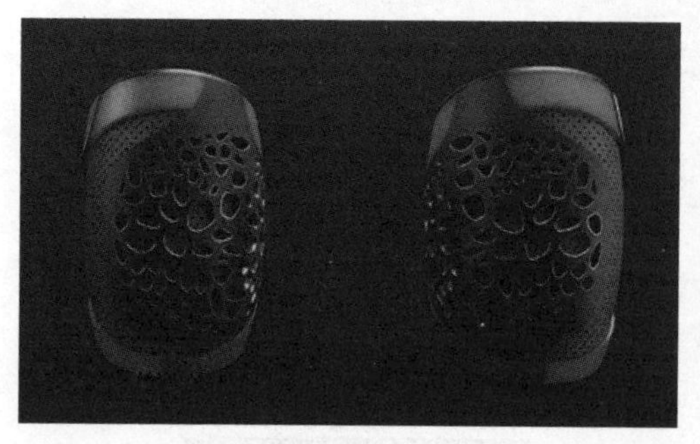

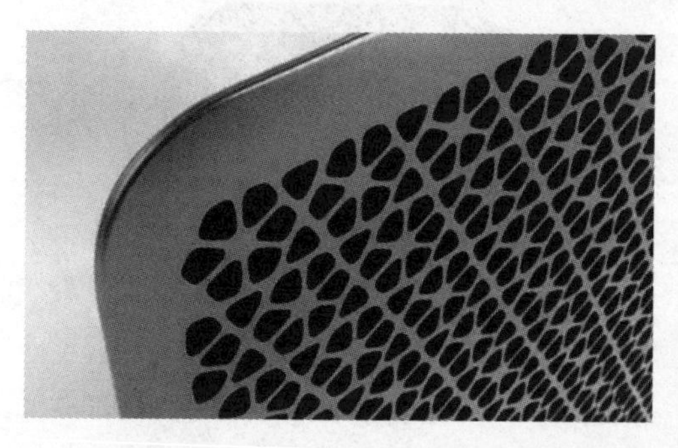

第3节 空　　间

在设计师的眼中，每个产品都应该有自己的固有空间，于是就把看不见的空间可视化。产品造型“空间”的研究很重要，通过空间的处理可以产生视觉冲击。视觉距离的张力使画面空间感增强，更吸引观众。

造型设计的表现效果必须给观众一种自信、可靠、有目的性的感觉。造型部件与空间之间的相对关系说明了观众感知到的视觉活动的类别与维度感。

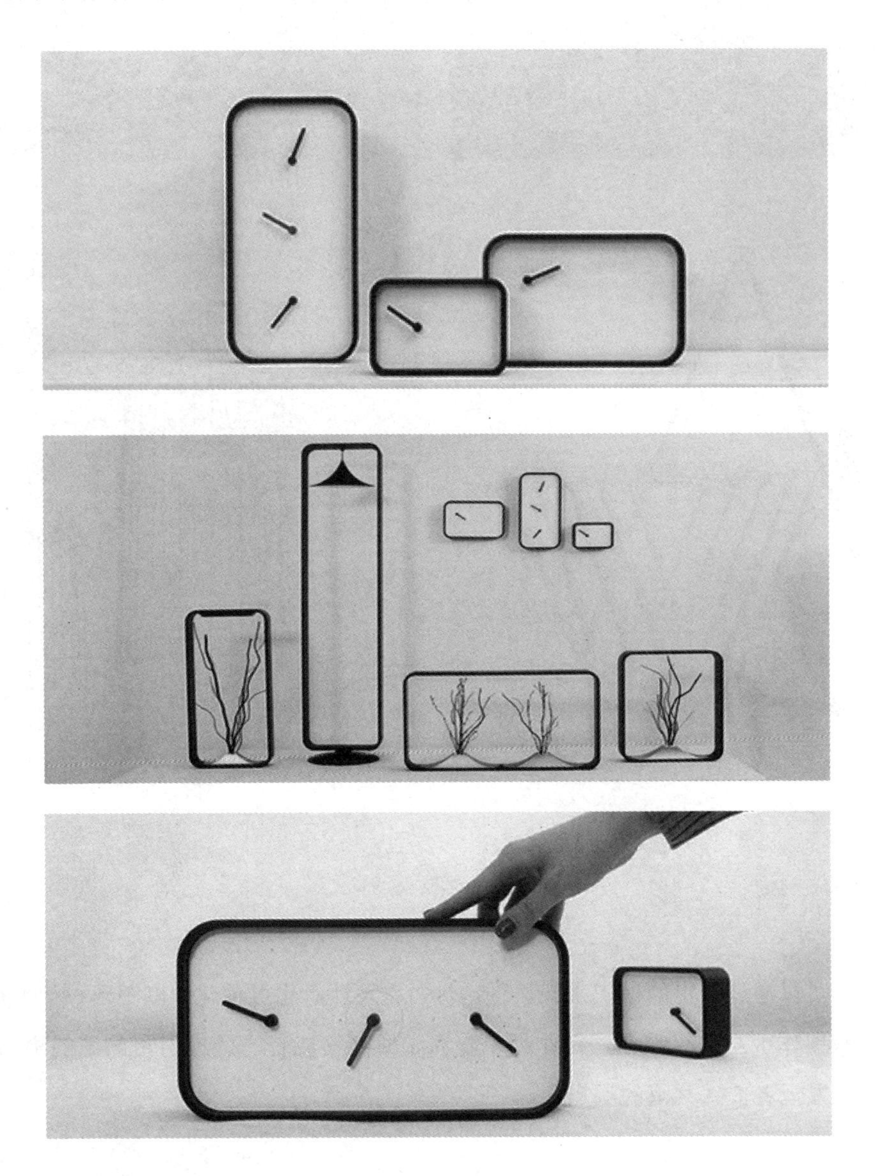

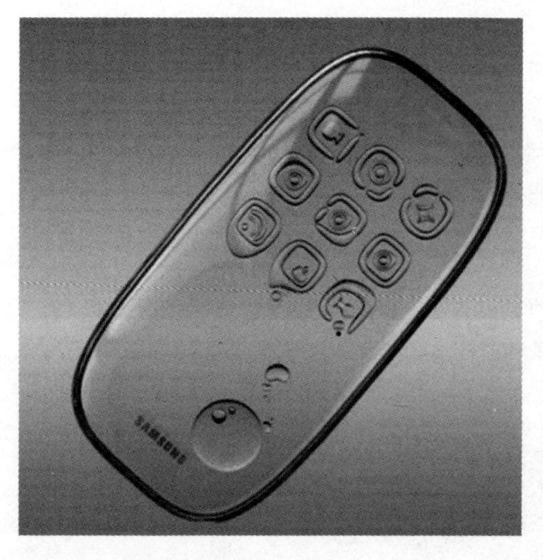

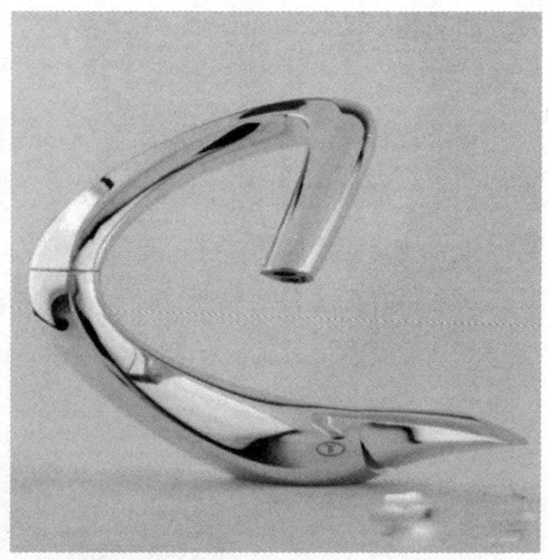

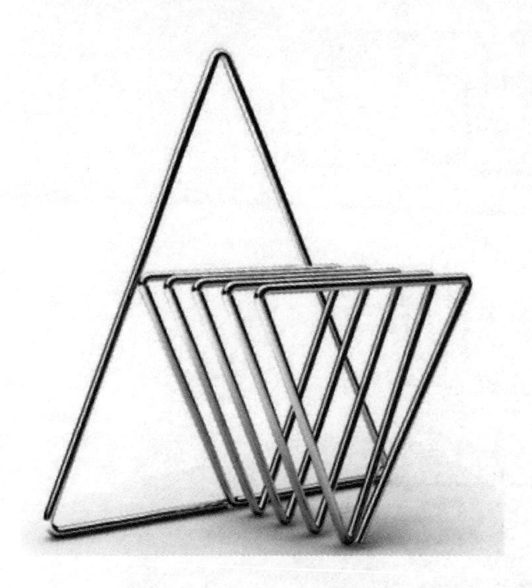

第4节　图　　形

图形可以通过一定的形式来表达创造性，将设计思想可视化。以图形设计为核心，通过一些创作手法进行设计，在作品中建立矛盾冲突或者巧妙地引用熟悉的事物，寻求最能引发观者情感共鸣的触点。

抽象图形

“整体”抽象

这是一种抓住事物或图形的整体形象特征为元素的设计方法。

下图几款毛茸茸的座椅造型灵感源于只有在非洲大草原上才能见到的鸵鸟。柔软的座椅部分仿的是鸵鸟背，细长的金属座椅支架仿的是鸵鸟的长腿。

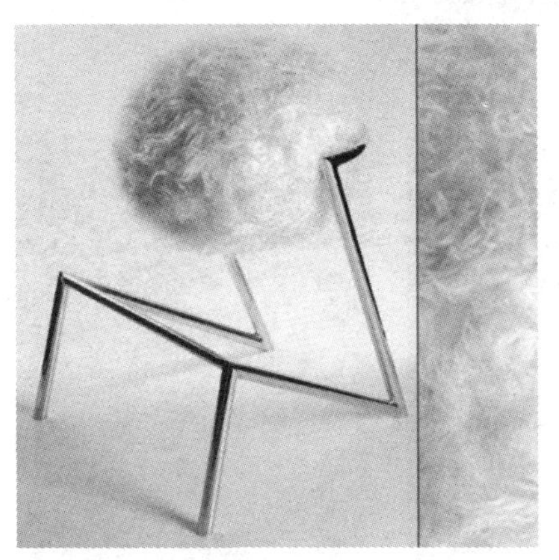

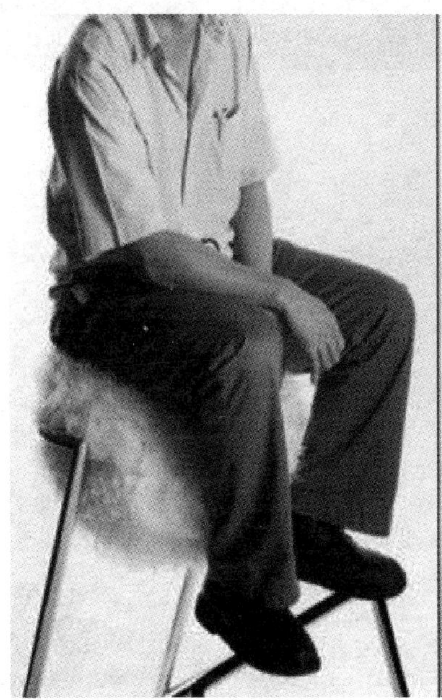

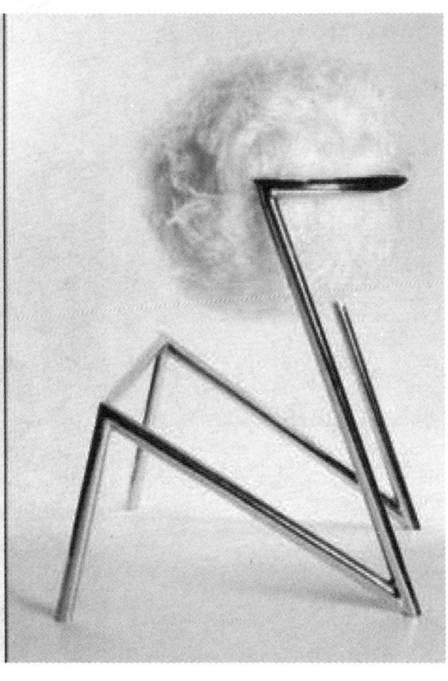

“局部”抽象

这是目前应用最多的一种方法，是通过抓住事物或图形的局部特征进行设计的。

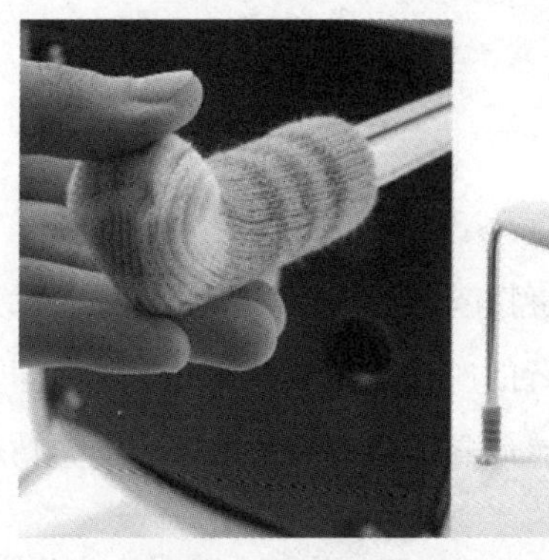

同构

当我们面对多种表示意义的“形”时，只取其一并不能充分说明问题，简单罗列又很乏味，所以，既要将概念表达充分，又想使作品本身含有引人注目的视觉趣味，就需要我们发现形象之间的共性因素，并将其综合。把两个或者两个以上图形组合在一起，形成新的图形，这就是同构。

设计师 Sonia Rentsch 发表的名为“Dinnerware Etiquette”的设计，让人们了解到餐桌礼仪的重要性。用轻松的角度来展现西方的餐桌礼仪，设计师将刀叉碗盘的摆设转变为各式好玩的造型配搭，以诙谐的方式来创意生活，即使餐桌礼仪给人严肃的印象，但看起来也是一种趣味艺术。

摄影师 Carl Kleiner 把两个元素用同构有趣地结合到了一起，完成了这个 IKEA 的广告，给人们带来不一样的创意设计。

置换图形

置换图形指的是在保持物形的基本特征的基础上，将其中某一部分用其它物形素材替换的一种整合方式，它是利用形的相似性和意义上的相异性创造出具有新意的新形象。

Mickey&Friends
AUTHENTIC SINCE 1928
Mickey&Friends
AUTHENTIC SINCE 1928

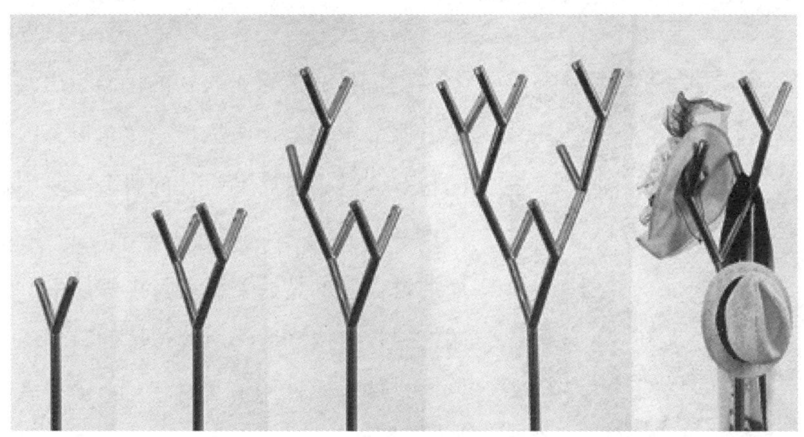

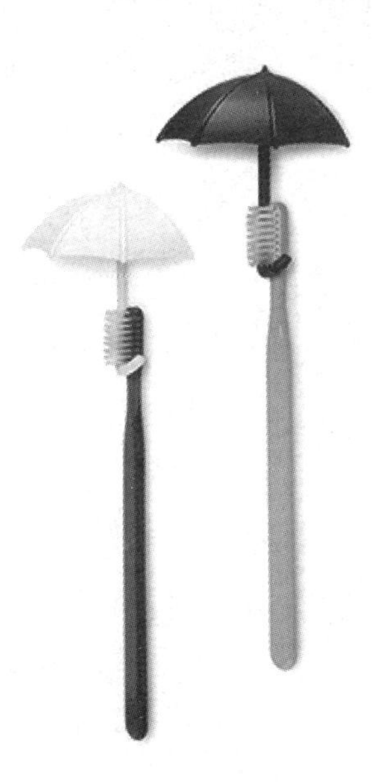

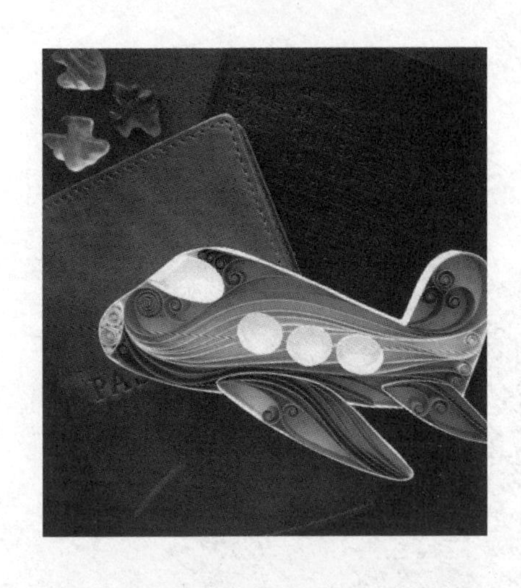

第5节 色　　彩

产品是会说话的，它也有表情语言、形体语言、行为语言、精神语言等。通过自身的色彩、造型、材料等元素的演绎将设计者与使用者联系起来。我们生活的世界是色彩斑斓的，无论是自然界，还是人类社会，色彩无处不在。色彩是对人的视觉刺激最敏感的信息符号。常态下的人观察物体的第一视觉反应就是色彩。例如，在购买衣服时，顾客的注意力首先会集中在货架上最近范围内的衣物上，只有被这些衣物的色彩吸引时，人才会把衣服拿下衣架，再去考虑色彩以外的如款式、面料等因素。在产品设计的诸多要素中，色彩作为产品最显著的外貌特征，具有先声夺人的魅力。而通过色彩的情感，消费者能够感受到一种特定的情绪，领悟到色彩所要传达的深刻意义。

在这个感性的消费时代里，消费者购买产品除了满足物质需求之外，也希望能满足精神上的期待。色彩是感性的，色彩语言浸透在人们生活中的多种情绪里：激情、忧伤、喜悦、恬静等；还浸透在多种性格里：开朗、活跃、稳重、细腻、自由等；还浸透在多种感觉里：硬、刚、软、热、等；还浸透在多种联想与象征里：科幻、高端、霸气等。

产品的色彩设计要注重情感方面的表达，根据人物的性格、偏爱、鉴赏能力、情感倾向、兴趣等进行整合，给人以轻松、愉悦、情趣、幽默、积极的感受。合理恰当地运用色彩设计来提升产品价值、生活品质以及工作效率。

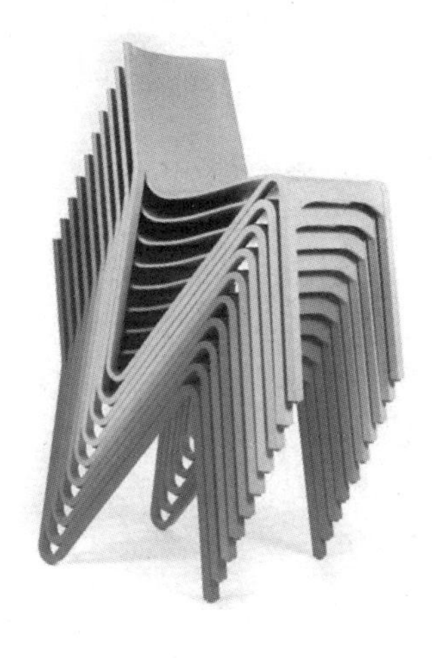

PHILIPS

PHILIPS

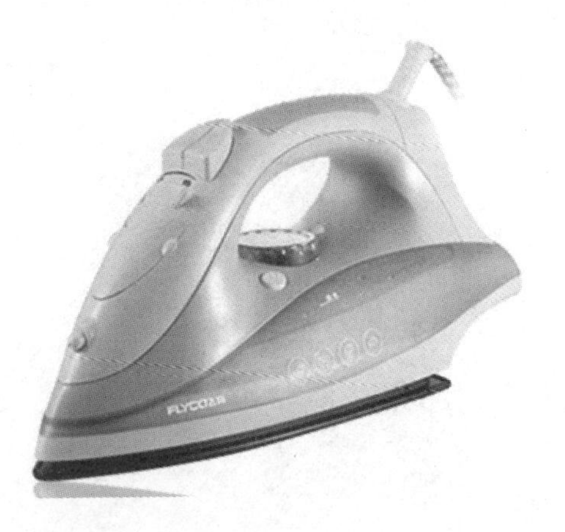

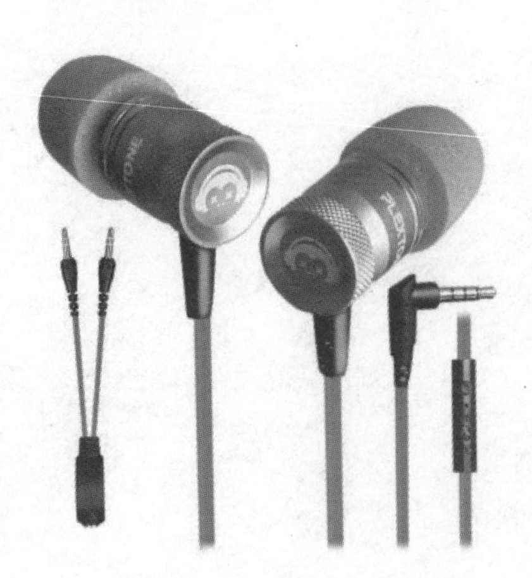

第6节　材　　料

在产品的造型设计中，材料和加工技术与设计的关系十分密切，材料自身的性质直接影响产品的承载能力、使用寿命，这是材料力学的研究问题之一。我们以椅子为例，中国传统的椅子大部分是由木质材料制成，具有古典美。随着工业技术的发展和金属材料的不断更新与完善，越来越多的工业产品选用金属做材料，椅子也不例外。用金属做框架结构的椅子，表现出了现代的美感。木质椅子从外形上给人结实、粗壮的感觉，而金属结构的椅子的截面尺寸相对较小，给人以纤细、灵巧的感受。从材料的力学性能分析，金属的强度极限比木材大，这样在同样的结构形式和荷载条件下，金属的截面尺寸就可以设计得相对较小，而且还可以满足它的强度、刚度和稳定性。有时，产品的结构形式要求材料具有特殊的力学性质，例如，现在常用的洗发水的瓶盖，由于塑料的弹性较好，即它的比例极限或弹性极限较其他材料（如金属材料）要大，所以我们选用塑料是有一定力学依据的。

一方面，产品设计中的材质表现是人与产品沟通的中介，是内部机能的依附、保护和传播，又是可见的直观实体，也是形成整体状态的社会性物质。另一方面，产品集各种构件成型，一体化的构架把各个部件组合，然后对外施加外饰构件空间位置形成一体化外观，以什么样的材质构成这个中介体，直接影响着产品的功能实现和社会价值的体现。材质表现也从这两个方面表现出来。

随着社会和科技的发展，材料作为产品存在的基本物质条件之一愈加丰富起来，各种金属材料、无机非金属材料、高分子材料以及各种复合材料等异常丰富，而且各种性能优良的新材料也在不断地被研发、利用。这些材料由于具有不同的肌理、质地等而拥有丰富的感官品质，它不但作用于人们的视觉系统，还更多地作用于人的触觉系统。

材料的感官特性按人的感觉可以分为触感材质感和视觉材质感。触觉是一种复合的感觉，由运动感觉和肤觉组成，其灵敏度仅次于视觉，通过触觉系统，人们对材料产生温暖或寒冷、粗糙或光滑、舒适愉快或厌恶不安的认知和感官体验。相对于触觉材质感，视觉材质感具有一定的间接性，它受人们触觉经验积累的影响，材料不同的肌理、透明度、光泽以及质地、形状、体积和色彩等都会产生不同的视觉感受，同时这种视觉感受与观察的距离也有密切的关系。总之，具有不同表面特征的材料具有不同的感官品质和美感体验，如玻璃，它代表高雅、明亮、干净、自由、精致、活泼；陶瓷代表高雅、明亮、时髦、凉爽；线材的柔软与轻量感，块材的坚实充实感等。它们对丰富产品的形态、功能有重要意义。

所以，在产品设计中，材料感官应该被强调，以寻求产品的材料与人之间的情感联系，增强产品的吸引力、识别力和感官认知力。目前，应用于产品的材料工艺非常丰富，如材料有不锈钢、铝、铝合金、镁合金、ABS 塑料、有机玻璃等；工艺有哑光、亮光，有镂空、斜纹等；特性有柔软的、透明的、硬挺的。设计过程中采用不同种类材质搭配，形成既整体统一，又有变化的设计作品。

塑料

对于追求个性消费的时代，塑料材料的可塑性强、成型形式多样，成为满足不同消费需求的表现工具。材料的发展与创新，正在改变我们的生活。在设计师设计的民用产品中，其 80% 都与塑料有着密切的关系。对于设计师而言，掌握塑料材料的属性、加工工艺、成型技术、结构技术、缺陷解决方法，是成功设计的基础。这里为大家收集了一些优秀的塑料产品。

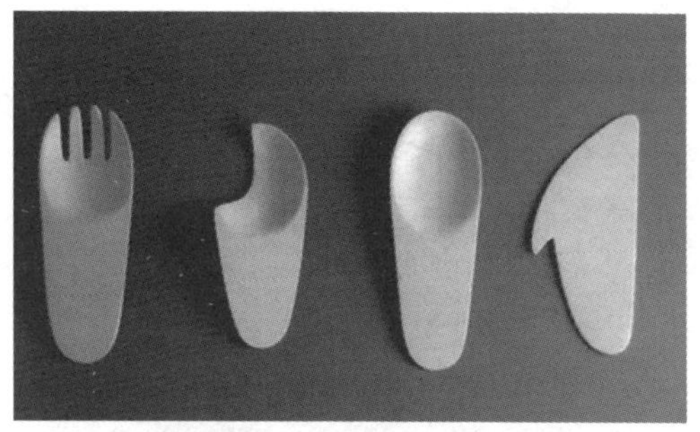

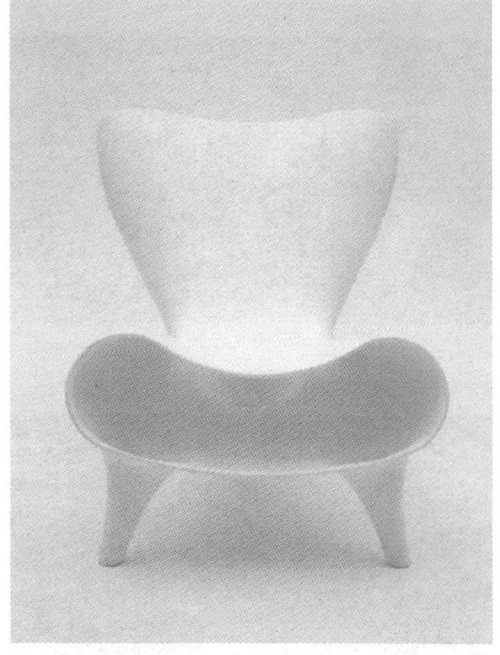

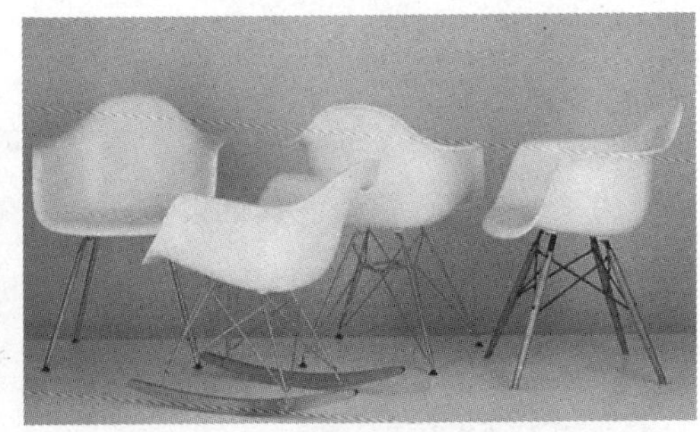

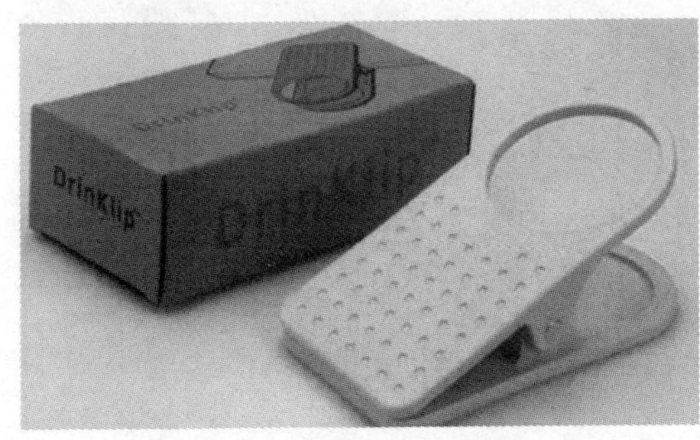
DrinKlip

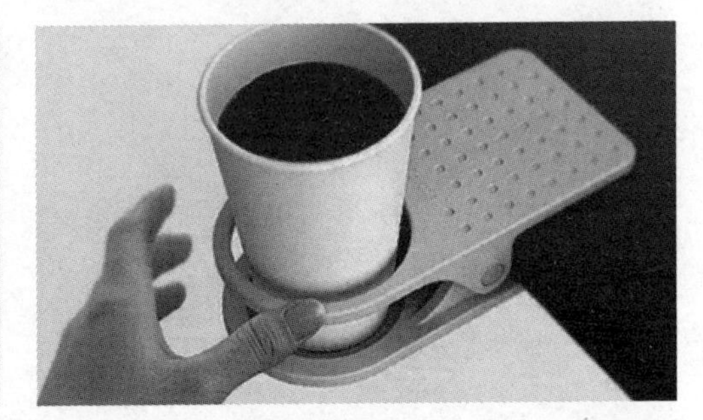

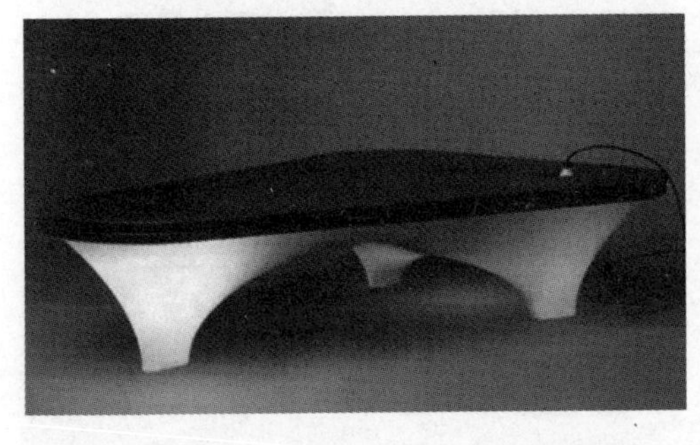

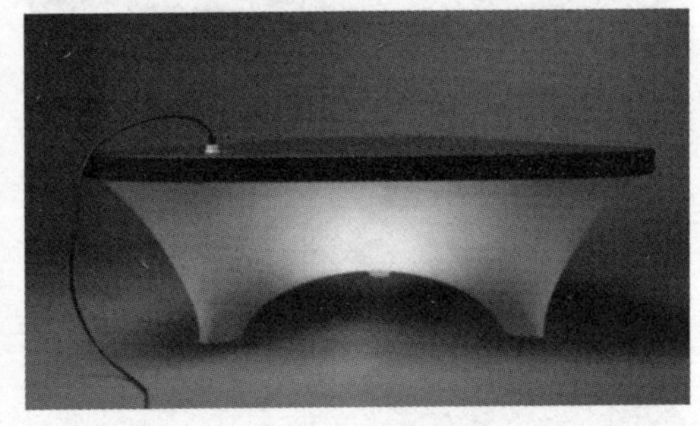

method
method
method

金属

人类文明的发展和社会的进步与金属材料密切相关，金属材料的生产和使用，不断推进人类社会的发展，开创了新的历史。人类社会先后经历了“铜器时代”“铁器时代”的洗礼，正逐步迈入“轻金属时代”。长期以来，金属材料一直是最重要的结构材料和功能材料。钢铁、铜合金、铝合金、镍合金等都是最重要且应用最广泛的传统金属材料。即使在21世纪，也不能否认金属材料是最重要的结构材料和功能材料。在钢、铁和合金为代表的现代工业社会中，金属材料以其优良的力学性能、加工性能和独特的表面特性，成为现代产品设计中的一大主流材质。

金属材料是金属及合金的总称。金属材料种类繁多，按照不同的要求又有许多分类方法：①按金属材料构成元素分为黑色金属材料、有色金属材料和特殊金属材料；②按金属材料的主要性能和用途分为金属结构材料和金属功能材料；③按金属材料加工工艺分为铸造金属材料、变形金属材料和粉末冶金材料；④按金属材料密度分为轻金属（密度＜ $4.5g/cm^3$）和重金属（密度＞ $4.5g/cm^3$）。

金属材料几乎都是具有晶格结构的固体，由金属键结合而成。金属的特性是由金属结构的性质决定的。金属材料除了来源丰富、价格也较便宜外，还具有许多优良的造型特征，金属的特性表现在以下几个方面(共 7 点）：①金属材料的表面具有金属特有的色彩、良好的反射能力、不透明性及金属光泽。金属中的自由电子能吸收并辐射出大部分投射到金属表面上的光能，所以纯净的金属表面能反光，有良好的反射能力、不透明、肌理细密且呈现各种颜色，就会有坚硬、富丽的质感效果；②优良的力学性能：金属材料具有高的弹性模量与高的结合能，因此金属材料具有较高的熔点、强度、刚度及韧性等特性。正是这样的强韧性能，使金属材料广泛应用于工程结构材料；③优良的加工性能：金属可以通过铸造、锻造成型，可进行深冲加工成型，还可以进行各种切削加工，并利用焊接性进行连接装配，从而达到产品造型的目的；④表面工艺性好：在金属表面可进行各种装饰工艺，从而获得理想的质感；⑤金属材料是电与热的良导体：金属具有良好的导电性和导热性；⑥金属合金：金属可以制成金属间化合物，可以与其他金属或非金属元素在熔融态下形成合金，以改善金属的性能。合金可根据添加元素的多少，分为二元合金、三元合金等；⑦金属的氧化：除了贵金属之外，几乎所有金属的化学性质都较为活泼，易于氧化而生锈，产生腐蚀。

材料是家具的重要组成部分，市场上一般有板式家具、实木家具、软体家具等。板式家具（Furniture）是以人造板为主要基材，以板件为基本结构的拆装组合式家具。人造板有禾香板、胶合板、细木工板、刨花板、中纤板等。板式家具是经表面装饰的人造板材加五金件连接而成的家具，具有可拆卸、造型多变、外观时尚、不易变形、质量稳定、价格实惠等特征。

实木家具是指运用实木制作的家具。实木家具按木料分主要有水曲柳、东北榆、柳桉木、樟木、椴木、桦木、色木、柚木、山毛榉、樱桃木、紫檀、柏木、红豆杉、红松、柞木、黄菠萝、核桃楸、木荷、花梨木、红木、苦楝、香椿、酸枣等。

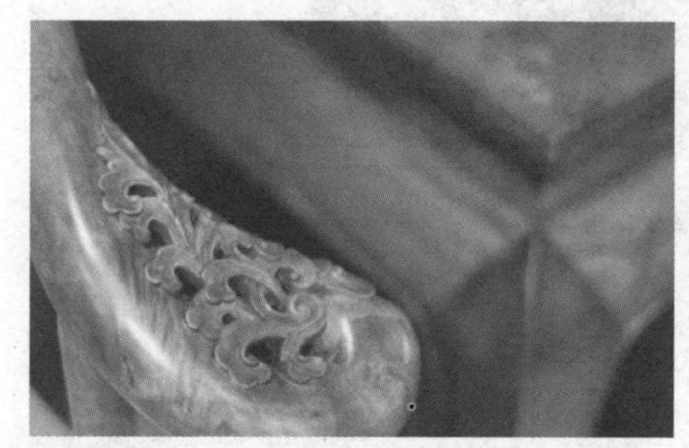

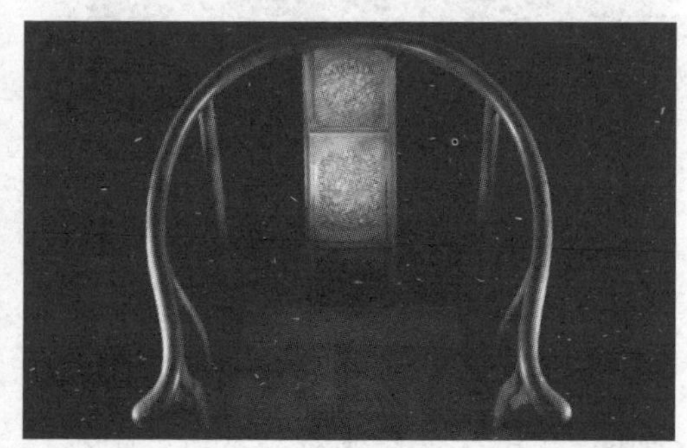

竹材

竹为高大、生长迅速的禾草类植物，茎为木质，分布于热带、亚热带至暖温带地区，在东亚、东南亚和印度洋及太平洋岛屿上分布得最集中，种类也最多。竹枝杆挺拔、修长，四季青翠，凌霜傲雨，倍受中国人民喜爱，有“梅兰竹菊四君子”“梅松竹岁寒三友”等美称。中国古今文人墨客，嗜竹、咏竹者众多。

竹类木质化茎秆部分，有时泛指竹的茎、枝和地下茎的木质化部分。竹材的利用有原竹利用和加工利用两类。近年，各国对环境保护的重视程度不断提高，全球木材供应量逐渐降低，竹资源的合理利用与开发越来越受到重视，竹产品正在成为发达国家和地区的重要消费品之一。我国竹资源培育和加工利用技术处于世界领先地位，在全球竹产业中举足轻重。目前，中国竹业已形成了由资源培育、加工利用到出口贸易，再到竹业生态旅游的颇具潜力和活力的新兴产业。

竹材的优点：生命周期短、生长快速、利于回收、色泽天然、富有弹性、防潮、硬度高、古朴大方、轻便秀丽。

竹材相较于生长周期漫长的木材而言，是一种非常难得的天然绿色材料。

陶瓷

中国人早在公元前 8000—公元前2000 年（新石器时代）就发明了陶器。陶瓷材料大多是氧化物、氮化物、硼化物和碳化物等。常见的陶瓷材料有黏土、氧化铝、高岭土等。陶瓷材料的硬度较高，可塑性较差。除了在食器、装饰的使用上，在科学、技术的发展中，陶瓷亦扮演重要角色。

爱国者推出独一无二且蕴含中国文化精粹的“哥窑相机”，通过突破性的工艺创新，用科技再现传世经典的宋代哥窑瓷韵，创造性地让传统文化成为一段可以触摸的历史。

作为中国宋代五大名窑之一的哥窑，所产带有裂纹的青瓷器皿是世间珍品，其釉面布满龟裂的纹片，独具艺术美感，每款瓷器都独一无二。哥窑产品釉面出现裂纹，实际上是一种缺陷，却被制瓷工匠巧妙地用“天工开物”的方式变成装饰纹，而且效果奇特、精美绝伦，成为中国陶瓷文化史上的一朵奇葩。

哥窑的工艺之复杂是现代人难以想象的，真正能够流传至今的哥窑作品不足百件。爱国者通过大量科研攻关，研发出独有的“温压时同控”专利技术，将哥窑“天工开物”的独有艺术形式与高科技完美结合，打造出世界首款“哥窑相机”，每台哥窑数码相机的纹路均自然生成，互不相同，再现哥窑独一无二的冰裂纹路。相对于工业批量化生产出来的一模一样的电子产品来说，哥窑相机每一台都与众不同，独一无二，层层叠叠的开片纹饰，巧如范金，清比琢玉。同时，哥窑相机的成功研发，也正式昭告了中国数码相机完成了从学习、追赶到超越的历史性跨越。

第 7 节　细　　节

我们正处于一个细节制胜的时代，但凡公认的优秀设计均为细节设计的典范，产品细节设计就是对产品局部的造型元素进行挖掘，让人们能够感觉到一种信任和无微不至的关怀。设计不单单是为了实现某个功能，更是为了让使用者喜欢上承载设计的这个产品，而细节就是那个最不起眼却最容易打动使用者的地方。产品往往通过一些视觉元素上的细节来营造产品的气质，提高生活品质。

德国产品对细节设计的表现在于对工艺、品质、质量的精益求精，日本设计通过观察人们在日常生活中的微小需求来进行细节的设计，产品处处体现对人的关怀。产品的细节既包含有形的细节，也包含一些无形的细节，如产品使用过程中的一些声音元素以及产品的名字等，这些细节可以充分调动使用者的五官与精神感受，通过隐喻与象征的手法表现出来。ATM 取款机的设计中就蕴含了声音的细节，在使用者的取款过程中会听到取款机点钞票的声音，这个声音其实并不是真实的点钞声音，而是取款机内置的录音，是为了提醒使用者机器正在正常出钞，这一人性化的设计虽无形却又给予使用者最自然的反馈，有效缓解使用者在等钞时的茫然与担忧。下图是几款咖啡机在细节上的设计。

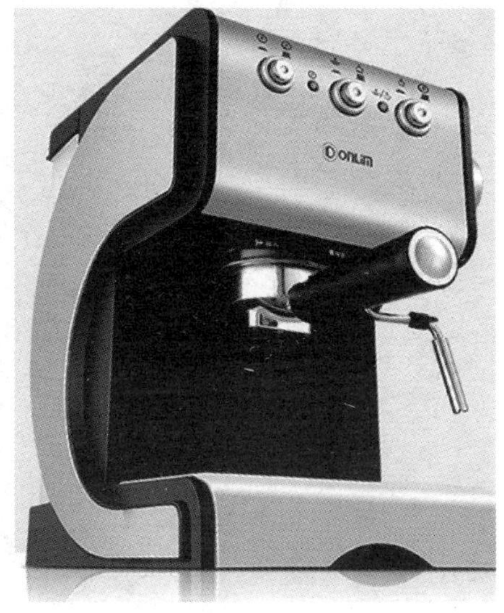

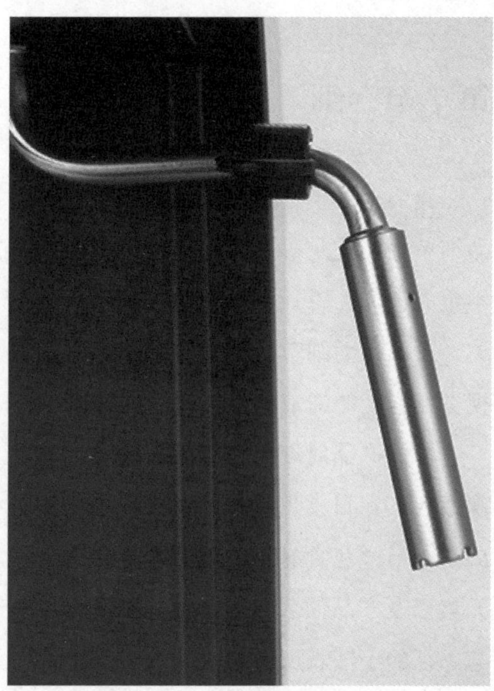

插入
锁紧

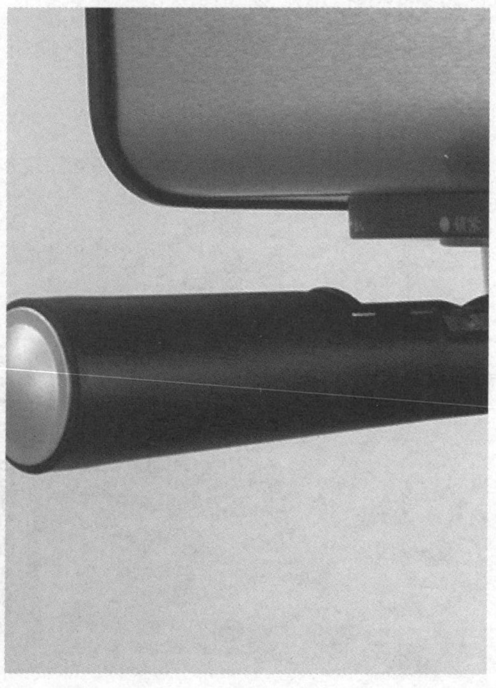

DONLIM

无印良品捕捉生活细节，努力寻找让生活更便利、更有味道的方法，无印良品经常派设计人员登门拜访消费者，观察其日常生活，发现需求，寻找设计灵感。比如，设计师观察到很多人睡前的最后一个动作是摘下眼镜、关掉床头灯，隔天早上的第一个动作是用手摸索着找眼镜，所以开发出底座向中央凹陷的床头灯，让眼镜顺势靠在灯杆上便于拿取。下图为无印良品的产品设计。

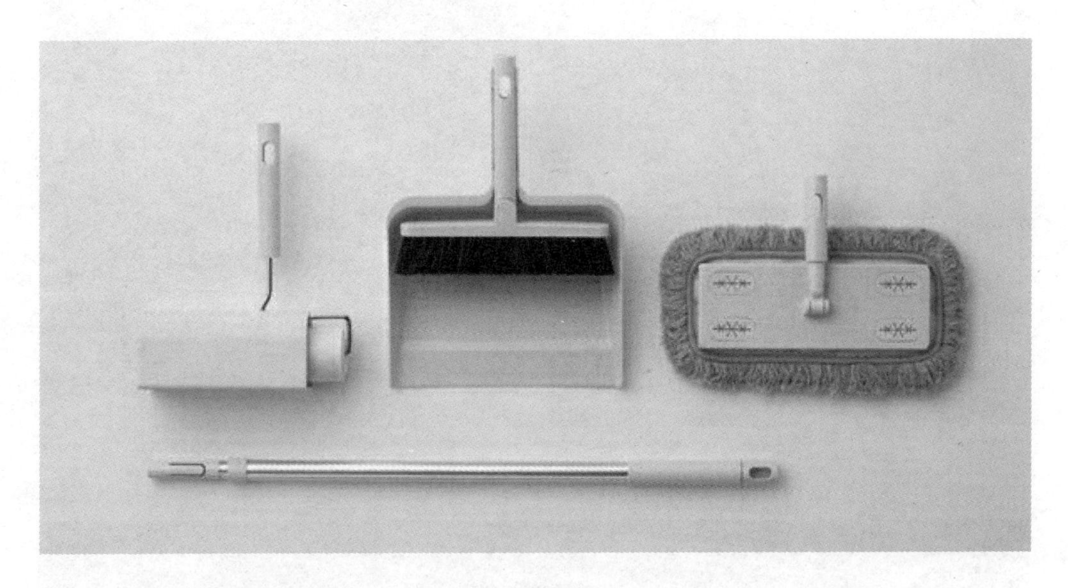

第3章

产品造型设计的美学法则

形式美是指构成事物的要素如色彩、形状、线条及其组合规律所呈现出来的审美特性。形式美是一种具有相对独立性的审美对象。人类可以用肉眼观看到的美的对象，通常在外形上具有一定的特征规律，这些规律是人类在创造美的活动中不断地熟悉和掌握各种感性因素的特性，并对形式因素之间的联系进行抽象、概括而总结出来的。

造型形态是人的视觉感受器官能感受的空间形状，它直接作用于人们的视觉系统。人们对产品的造型形态的视知感受是一种从整体到局部，再升高到一种新的整体的认知过程，而促使这一过程完成的则在于产品形态对受众的刺激度和受众自身对产品的诉求度。眼睛看什么、怎么看，受到人们的需要和兴趣的控制，需要设计师抓住产品定位与表现手法进行针对性设计。只有更加注重整体外观和局部细节的新奇感和趣味的创造，才能吸引人们的视线，最大限度地满足时尚人群求新求异的心理诉求。

产品设计可以让我们通过看、听、闻、触、摸、联想、思考获得美的体验。在表现这种美感时，设计需要遵循人类的审美意趣，依据并应用一些审美和造型法则，如对称、韵律、均衡、节奏等，对形体、色彩、材质、工艺等进行整合，创造出能够通过不同感官体验激发人们不同情感回应的表现形态。

第 1 节　对比与调和

对比是指在质或量方面的比较，一般是指形、线、色的对比、质量感的对比和刚柔静动的对比。在对比中相辅相成，互相依托，活泼生动，而又不失完整。调和就是适合，即构成美的对象在部分之间不是分离和排斥，而是统一、和谐，被赋予秩序。一般来讲，对比强调差异，而调和强调统一，适当减弱形、线、色等图案要素间的差距，如同类色配合与邻近色配合具有和谐宁静的效果，给人以协调感。

对比与调和是相对而言的，没有调和就没有对比，它们是一对不可分割的矛盾统一体，也是取得图案设计统一变化的重要手段，如图色彩调和。

对比通过差异性明显而强烈的造型元素，衬托产品的特点和性能，加强它的表现力度，使之能够在众多产品中显得独特而活跃，给人留下深刻的视觉印象和感受。在时尚眼镜的设计中，可以通过形式、色彩、质地、肌理等的对比衬托它的个性，传达特别的信息和美的感受。比如，我们将具有各种反差强烈的色彩、造型、材质应用于产品组成元素之中，将会使之在众多同类产品中凸显，从而能够带给消费者不一样的视觉和触觉，如图所示的劳力士手表、香奈儿手表、CK 手表即为如此。

劳力士手表

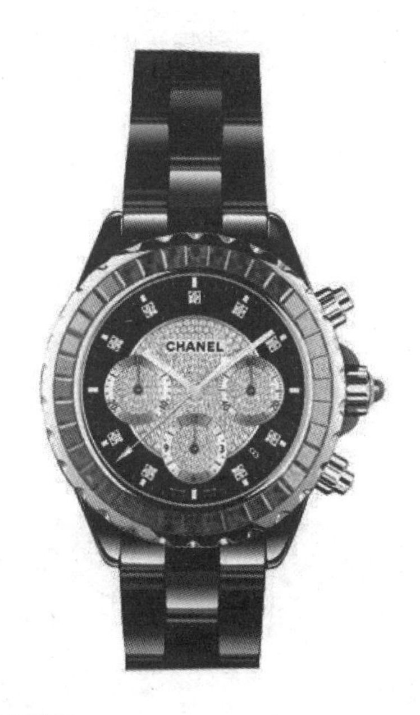

香奈儿手表

CK 手表

特异作为一种特殊的对比形式，往往可以造成一种新奇感，使人们对所习惯的现状产生的厌倦感，带来视、知觉的紧张和情绪的振奋。人们所追逐的时尚也是一种对特异的需求，所以为了吸引人们的注意力，为了能够在不醒目的背景中跳出来，产品设计在各种元素的应用中应该打破常规法则，创造和突出变化的形态结构、材质等，使之能够脱颖而出。通过新奇的造型，为人们提供它承载的时尚信息，激发消费者心理上对时尚的认同感。通过创造性思维，在科学合理的基础之上，突破传统模式和设计现状，创造出具有视觉美感、个性强烈，特征明显的形态，如图所示的玛莎拉蒂Birdcage75 概念车。

第 2 节　对称与均衡

均衡的形态设计让人在视觉与心理上产生宁静、和谐之感。静态平衡的格局大致是由对称与平衡的形式构成。对称又称“均齐”，在统一中求变化；平衡侧重在变化中求统一。两者综合应用，就产生了平衡的三种形式：对称平衡、散射平衡和非对称平衡。对称的图形具有单纯、简洁的美感，以及静态的安定感，对称本身具有平衡感，而且是平衡的最好体现。平面构成中的平衡是指视觉上的平衡，但平衡的构图不一定必须用到平衡。视觉平衡是指通过重新组构图形中的构成要素，使力量保持平等均衡的意思，即达到视觉上的平衡感受。对称给人以稳定、沉静、端庄、大方的感觉，产生秩序、理性、高贵、静穆之美，体现了力学原则，是以同量不同形的组合方式形成稳定而平衡的状态。对称的形态在视觉上有安定、自然、均匀、协调、整齐、典雅、庄重、完美的朴素美感，符合人们通常的视觉习惯。

均衡包括对称平衡与不对称平衡。均衡与对称是互为联系的两个方面。对称能产生均衡感，而均衡又包括对称的因素。色彩、造型的对称以及均衡组合是形式美中比较常见的现象。均衡的形态设计让人产生视觉与心理上的完美、宁静、和谐之感。

均衡结构是一种自由稳定的结构形式，画面的均衡是指画面的上与下、左与右取得面积、色彩、重量等量上的大体平衡。在画面上，对称与均衡产生的视觉效果是不同的，前者端庄静穆，有统一感、格律感，但若过分均等就易显呆板；后者生动活泼，有运动感，但有时因变化过强而易失衡。因此，在设计中要注意把对称、均衡两种形式有机地结合起来，灵活运用。例如，下面图中所示的 TOPWAY 游戏手柄、飞利浦视听设备、iRiver PMP-100 随身影院。

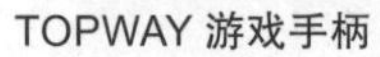
TOPWAY 游戏手柄

飞利浦视听设备

iRiver PMP-100 随身影院

第 3 节　节奏与韵律

节奏与韵律的概念来自音乐，是体现形式美的一种形式，有节奏的变化才有韵律之美。节奏是艺术表现的重要原则，各种艺术形式都离不开节奏。节奏是按一定的条理、秩序重复连续地排列，形成一种律动，它有等距离的连续，也有渐大、渐小、渐长、渐短、渐高、渐低、渐明、渐暗等排列，就如同春、夏、秋、冬的循环。

韵律不是简单的重复，而是比节奏更高一级的律动，是在节奏基础上超于线形的起伏、流畅与和谐。韵律是宇宙之间善遍存在的一种美感形式，它就像音乐中的旋律，不但有节奏，更有情调；它能增强版面的感染力，开拓艺术表现力，牵动人。

节奏与韵律的运用，能创造出形象鲜明、形式独特的视觉效果，表现轻松、优雅的情感，通过跃动提高诉求力度。

万里长城那种依山傍水、逶迤蜿蜒的律动是按一定距离设置烽火台遥相呼应的节奏，表现出矫健雄浑、宏伟壮阔的飞腾之势，富有虎踞龙盘、豪放刚毅的韵律之美。北京的天坛层层叠叠、盘旋向上的节奏，欧洲的哥特式建筑是处处尖顶、直刺蓝天的节奏，表现出不断升腾、通达上苍的韵律感。可见，韵律是构成形式美的重要因素。韵律有明显的规律性，这种规律又可以用简单的逻辑程序来反映。在现代工业生产中，由于标准化、系列化、通用化的要求，单元构件的重复、循环和连续，就是韵律节奏的依据。这种形体的重复和连续使人感受到具有节拍感和连续的韵律美。产品造型的韵律节奏虽然不像音乐那样复杂，但造型的式样与色彩的变化的确能产生犹如音乐的韵律感。

第 4 节　变化与统一

变化指各个组成部分有差异，统一指各个组成部分有内在的联系。变化与统一又称多样统一，是形式美的基本规律。任何物体形态总是由点、线、面、三维虚实空间、颜色和质感等元素有机地组合成一个整体。变化是寻找各部分之间的差异和区别，统一是寻求它们之间的内在联系、共同点或共有特征。没有变化，则单调乏味，缺少生命力；没有统一，则会显得杂乱无章、缺乏和谐与秩序。

变化与统一是对立统一规律在构成上的应用。两者完美结合是艺术表现力的方式之一。如图所示的索尼音乐播放器关于点线面的统一与变化的运用、品牌风格统一与变化的运用以及色彩系列化等。

OLYMPUS
μ-mini DIGITAL
5.0
OLYMPUS
μ-mini DIGITAL
5.0
OLYMPUS
5.0
OLYMPUS
μ-mini DIGITAL
5.0
OLYMPUS
μ-mini DIGITAL
5.0
OLYMPUS
μ-mini DIGITAL
5.0
OLYMPUS
μ-mini DIGITAL
5.0
OLYMPUS
μ-mini DIGITAL
5.0

第 5 节　尺度与比例

比例是艺术领域中相对面间的度量关系（数比关系为其一），一般是指建筑物各部分相对尺寸，狭义上指整体或局部的长、宽、高尺寸间的关系，广义上还包含实体与空间之间、虚与实之间、封闭与开敞之间、凹凸之间、高低之间、明暗之间、刚柔之间的关系。尺度是指整体或局部给人感觉上的印象与其真实大小之间的关系，或者说是可变要素与不变要素的对比。

简言之：比例是物与物的相比，尺度是物与人（或其他易识别的不变要素）间相比，前者只表明各种相对面间的相对度量关系，不需涉及具体尺寸。但尺度是感觉上的印象，是建筑与人的关系方面的一种性质。当建筑物和人体以及内在感情之间建立起紧密而简洁的关系时，建筑物的实用、美观、舒适等特点更为明显。比例是理性的、具体的，尺度是感性的、抽象的。

第 6 节　过渡与呼应

过渡在文章中的层次或段落之间表示衔接和转换，起着承上启下的作用，使相邻的两层意思或段落上下连贯，衔接自然，让读者的思路顺利地由前者转入后者。也可以这样说，过渡是使上下文自然衔接的一种结构方法。文章缺少了过渡就会上下不顺，思路跳宕。在产品造型设计中，过渡也可以承上启下，让观众看着舒服，起到增强和谐美的作用。

照应是指文章内容前后的关照与呼应。照应也称“伏应”。前有伏笔，后面必须有照应；后有照应，前面必要有伏笔。否则，有呼无应，前后没有着落，会使读者感到莫名其妙。同样，在产品造型设计当中，造型特征的首尾照应，色彩的前后呼应，能够达到平衡美。

第 7 节　产品造型设计的修辞表现手法

联想、象征、相似、重复、闭合、仿生、双关、夸张、比喻、借代等都是产品造型设计的修辞表现手法，通过修辞提高形态语义的文化内涵，使其表达更生动、准确和简约。

1. 联想

联想是因事物而想起与之有关事物的思想活动或由某一概念而引起其他相关的概念。联想是暂时神经联系的复活，它是事物之间关系的反映。客观事物是相互联系的，客观事物或现象之间的各种关系和联系反映在人脑中而有各种联想，有反映事物外部联系的简单的、低级的联想，也有反映事物内部联系的复杂的、高级的联想。一般来说，在空间上和时间上同时出现或相继出现，在外部特征和意义上相似或相反的事物，反映在人脑中并建立联系，以后只要其中一个事物出现，就会在头脑中引起与之相关的另一事物的出现，这便是联想。如图所示的联想“花之恋”笔记本，即表示两种不同程度的事物，彼此有相似点，找出两个事物之间的相似点，就能使形象鲜明生动。如图所示的衣架设计，形似一棵茁壮的小树，让自然生态走入室内，显得生机勃勃。

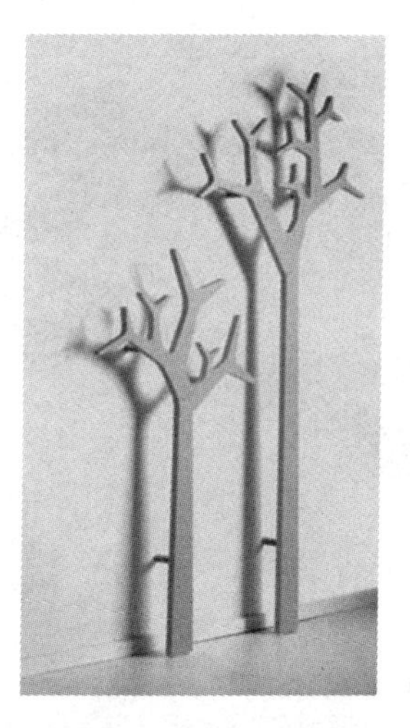

2. 夸张

夸张可以分为表象性的形态夸张和含蓄性的神情夸张，其目的是通过运用丰富的想象以及对事物的形象、特征、作用、程度等方面的扩大或缩小来增强表达效果。如图所示的当下流行的大框眼镜，设计师通过对产品即时尚眼镜的局部结构、外观形态或质感等某个设计要素进行合理地夸大、变形，从而赋予眼镜一种新奇的趣味和变化，使它的感官特征更加鲜明、突出，富有更强的感染力、吸引力和视觉冲击力。

碎纸机思路的日历设计是一款由 Susanna Hertrich 设计的概念日历，表面看来只是普通的日历，但是每度过一天，它都会将当天的日历用内置的碎纸机粉碎，然后输出，形成巨大的视觉冲击，提醒人们珍惜时间。

3. 借用

随着时代和科技的发展，新的或个性化素材以及其他设计元素有机会被整合到某种产品的形态设计中，我们可以大胆地借用其他的艺术形式以及自然界生物所具有的独特形式、机能、材料等，当今时代独有的素材也可以大加利用，从而塑造产品独特异趣的形式，给人们以新奇的感官体验。比如产品造型、结构、功能以及质地的仿生设计；如时尚眼镜对 MP3 功能的借用，它添加了音频、视频播放设备，不仅可以给受众带来多重感官体验，还可以尽显自我的个性和新奇的魅力。如图所示的由 Alain Mikli 集团的眼镜设计师设计的鱼尾墨镜，从自然中借鉴造型元素并应用于眼镜的设计之中，给人带来不一样的视觉感受。

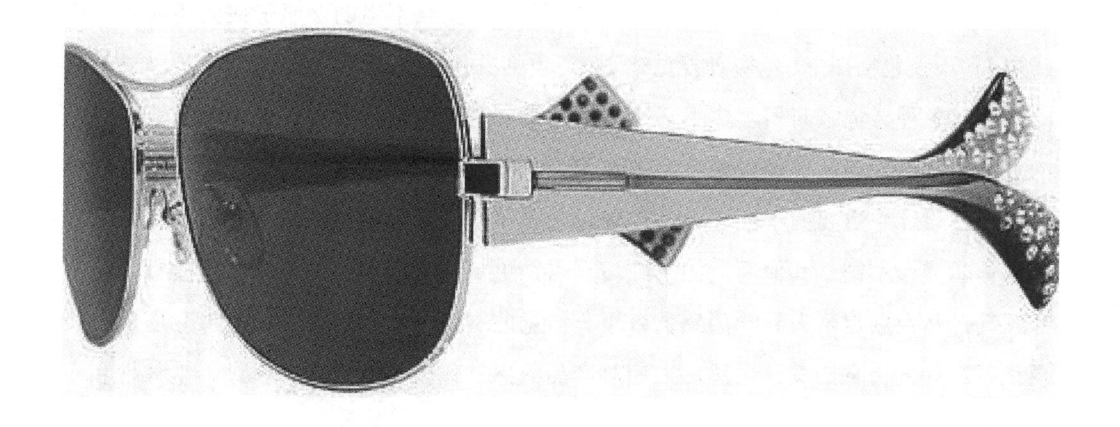

4. 强调

因为每种产品都有其与众不同的主题和表现内容，而这些内容正是它自身的形式必须要突出表现的设计信息，所以通过各种方式将其特征进行烘托，使人们能够对它产生兴趣。在设计表现中，强调产品本身最容易打动人心的部位、特征给人们带来各种感觉的体验或冲击，促进人们对产品产生情感变化与认知，如图 USB 分插座——八爪鱼。

5. 错觉

错觉就是当人或动物观察物体时，基于经验主义或不当的参照形成的错误判断和感知。它不仅包括图形、色彩等视觉错觉，还包括其他感觉错觉，如轻重、冷暖、软硬等，同时还有各种感觉之间相互作用形成的错觉等。这种错觉现象在设计中具有非常特别的效果，可以使产品更加生动、充满趣味和富有吸引力。利用错觉创造新颖独特的美感是现代设计中重要的手法之一，得到越来越多的设计师的重视和关心。它所带来的感官体验完全不同于其他手法的单纯与直白，更加能够调动人的各种感觉器官的交叉和互动，从而获得耐人寻味的感觉效果。错觉的利用是一个值得人们思考和应用的表现途径，如图错觉图案。当然，人们对产品的感官体验具有复杂、模糊、整体性和不确定性。

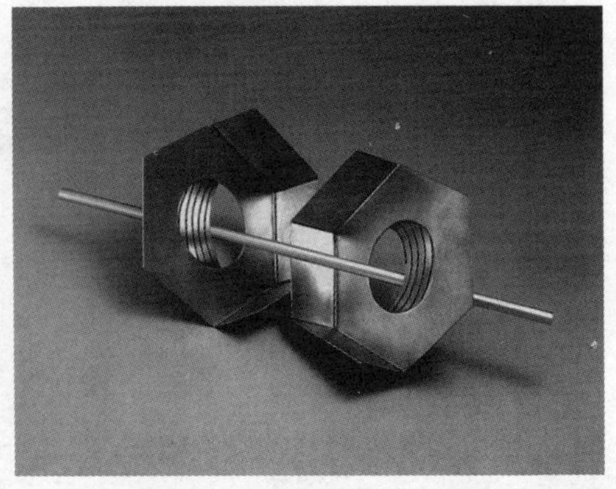

例如，手提袋设计师借用手提袋的造型结构与图案进行同构，与周边环境形成矛盾空间的视觉错觉，装鞋子的袋子自然要与鞋子的主题搭配，提袋的系绳巧妙地充当了鞋带，十分有趣。家庭聚会当然少不了活跃气氛的逗趣小道具，这款大鼻子纸杯通过巧妙的小设计让大家看到喝水时的人情不自禁地放声大笑。

由 Joyce Lin 设计的椅子，看上去如同玻璃栈道。这把椅子取名 Exploded，采用枫木和透明亚克力制作而成。当你看到它的时候，就会产生不稳定和不信任感，虽然坐上去感觉安稳，但也疑心重重。

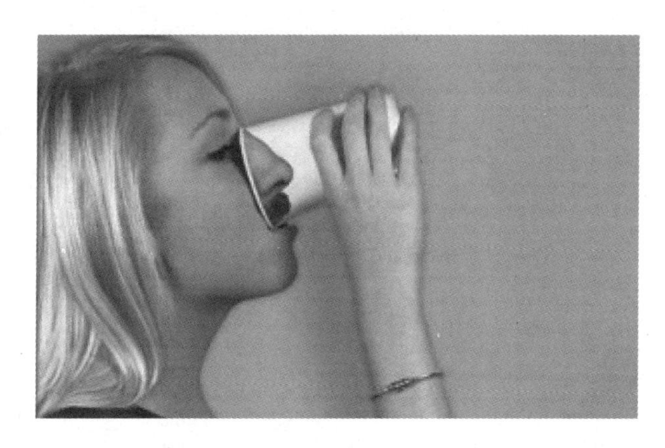

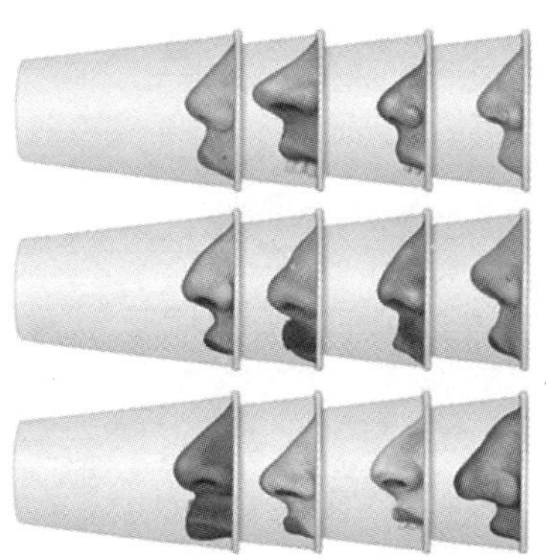

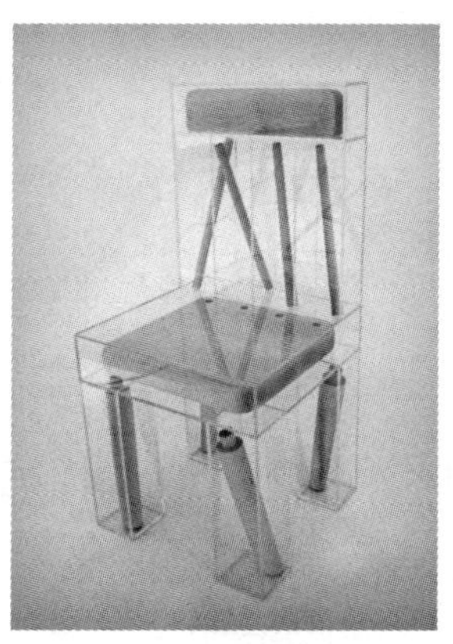

另外，巴西设计师近日又推出新作——趣味视错觉书桌，他将一张桌子的两条对角线上的桌腿相互交叉，这个改动看似毫无新意甚至会产生桌子将要倒塌的感觉，实际上，桌子还是安然无恙地摆放在那里，而且随着视角的变化，看到的桌子样式也不尽相同。

第4章

产品造型美学的绽放

第1节　惊艳——创新之美

人类天生就是追求好奇和新鲜感的动物，一般来讲，真正的创新之美能够让人在看过第一眼之后产生惊艳之感，无论是产品的外观设计还是功能设计，优秀的创意作品总能在人们的注目中打上“创新之美”的烙印。惊艳义为惊其美艳，也就是面对美艳（包括一切美好事物在内）而感到吃惊。这个“艳”本指人，说得准确一点，是指人的妖娆美好的形象；也可以指物，凡是面对人的美或物的美而深感惊诧者，皆可称为“惊艳”。

“心”形伞

日本知名轮胎公司普利司通推出了一款免充气、不爆胎的新式轮胎，引起了参观者的广泛关注。这款轮胎采用强度高、弹性大的散热塑胶材料制成，网状的编织方式使它承重力更强，每只轮胎可以支撑大约 150kg 的重量。在车展期间，一辆单人乘坐的小型电动车就采用了这种新型轮胎，事实证明，轮胎能够完全吸收冲击，给乘客带来更加舒适的驾驶体验。

如图所示的这款造型奇异的躺椅，十分符合人体工程学，整体结构按照人体最放松时的姿势而构架，让使用者躺在上面可以完全放松身心。椅子顶端内部嵌有一块电视屏幕，正好位于视线上方，方便使用者随时随地收看节目。

由国外设计师制作的一系列“投影灯”与中国传统的“皮影戏”具有异曲同工之妙，它们巧妙地利用光影投射原理，在墙面上投射出大幅的影子画像，在提供光照的同时也为生活增添了不少乐趣。

如图所示的这款毛毡沙发椅是比利时设计师用亚麻绳将一整块正方形合成纤维毛毡折叠捆绑而成的。特殊的结构配合结实的材料，沙发椅便呈现出与众不同的优雅。

设计师从电影《盗梦空间》中得到启发，设计了这套“无限循环”系列座椅。这些椅子由最外层的原始椅子轮廓逐渐缩小，直至最内层共计 10 把，相邻的椅子依靠凹槽连接，既稳固，还可以轻易分开。从某些角度来看，它还会给人以视觉上的空间纵深之感，非常别致。

木质家具向来给人以坚硬、牢固的印象，不过一位来自荷兰的学生独辟蹊径，为我们带来了舒适而富有弹性的木质椅子。当座椅表面受到压力时，多条切割缝共同作用使座面会像海绵坐垫一样向下微微凹陷，外力消失时则恢复原始状态。这款看似简单的设计，实则花费了设计师几百个小时的研究时间，并经过近千次的数控机床切割才得以完成。

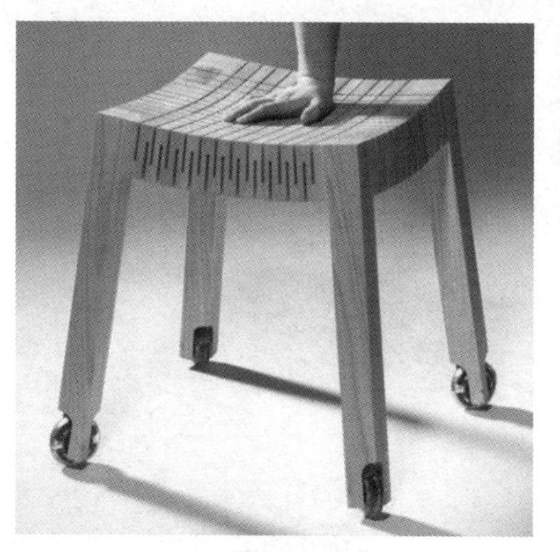

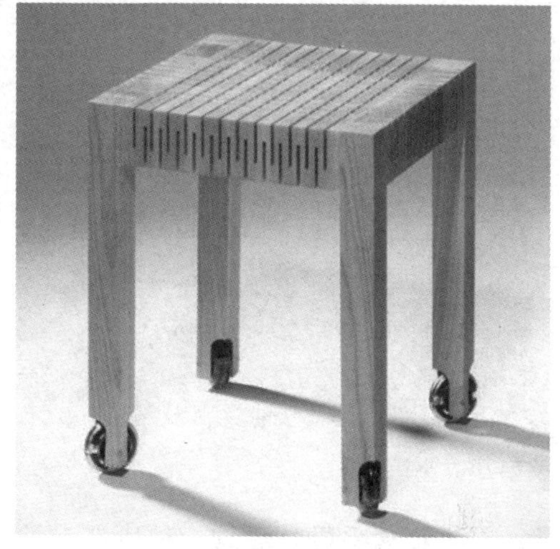

第 2 节　遥望——前瞻之美

前瞻是指向前看，通过分析、判断、调查、研究，在理性的推理指导下进行有预知的构想。

时代环境的变化使人的需求也越来越广、越来越细致。随着科技时代的到来，电子、信息、新技术、新领域、新材料更是不断地交替和更新。产品的前瞻设计引领着时代的发展，满足人们对生活的每一个细节要求。

在这个压力越来越大的社会中，大多数人都患有轻微的强迫症。其实，生活可以更加轻松。2011 年红点设计概念获奖作品“关闭燃气和电源的门把手”就是一款方便我们管理电器、燃气的设计。它能够与家中的电源、燃气等相连，不仅可以显示这些设备的“开启”或“关闭”状态，也方便用户轻松控制它们，只需选择“全部设备”或“部分设备”等选项（按动把手侧面的按钮），便可以将设备关闭。

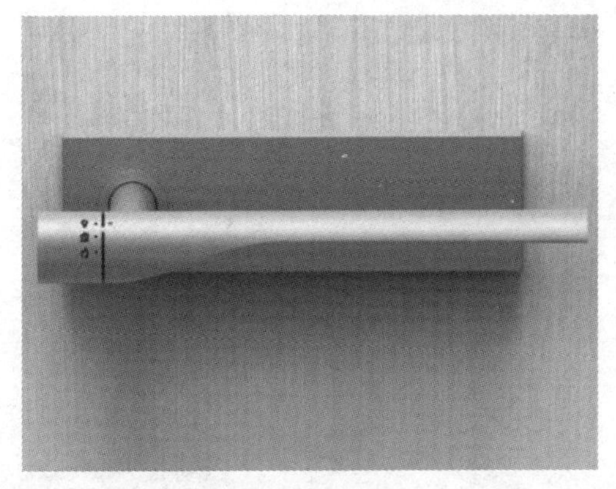

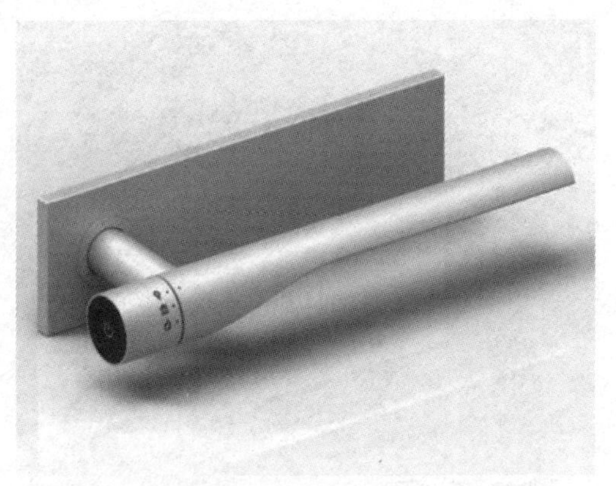

电子门把手设计

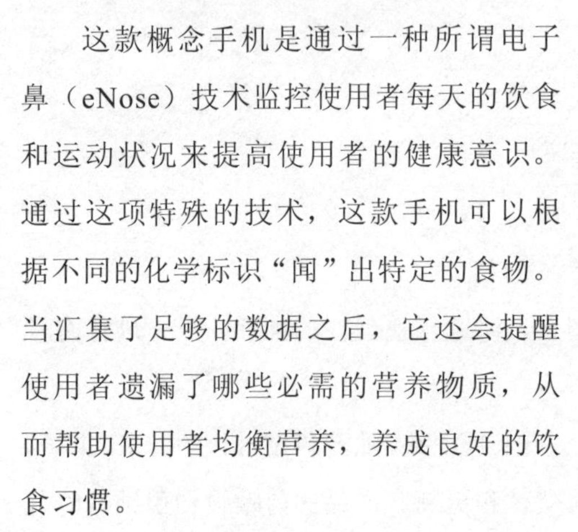

这款概念手机是通过一种所谓电子鼻（eNose）技术监控使用者每天的饮食和运动状况来提高使用者的健康意识。通过这项特殊的技术，这款手机可以根据不同的化学标识“闻”出特定的食物。当汇集了足够的数据之后，它还会提醒使用者遗漏了哪些必需的营养物质，从而帮助使用者均衡营养，养成良好的饮食习惯。

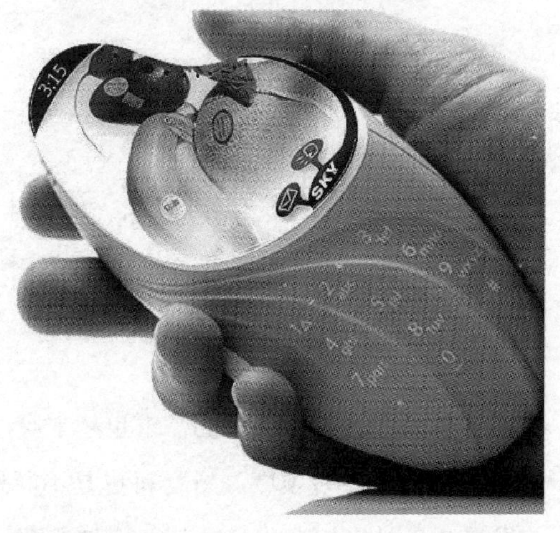

食物测试手机

都市生活让我们远离了农田，这款概念家庭菜园让您在家中也可以实现栽种蔬菜的愿望。这款装置采用无土栽培技术来种植蔬菜。装置的下部设有喷嘴，用来对植物的根部喷水或喷洒营养液，同时，它的内部还设有水循环系统，以保持蔬菜的新鲜。它需要使用外部电源为水泵和喷嘴供电，同时还配有一块备用电池以备不时之需。在家中就可以享受种植的乐趣，还可以吃上亲手栽培的无污染蔬菜。

家庭菜园设计 1

家庭菜园设计 2

这款零排放的宾利概念车由电力驱动。它的设计初衷是为了纪念并发扬20世纪20年代在勒芒耐力赛中辉煌一时的宾利速度六车型（Speed 6）的精神。全车十分注重空气动力设计，采用了将扰流板集成在悬挂系统上的独特结构。这款纯正的概念赛车，既充满了力量和野性，又不失精致和优雅。

宾利概念车设计

第 3 节　追忆——复古之美

复古设计是指恢复过去社会秩序、习俗、文化、风尚等内容或将其元素运用到现代的设计载体当中。它包括一个时代、一个流派或一个人的文艺作品在思想内容和艺术形式方面所显示出的格调与气派。“一切过往的东西都会是一个新的开始”这句经典老话代表了 21 世纪前 5 年最重要的时尚潮流。时尚学者和观察家将会把这五年，也可能是十年冠以“Vintage（复古风格）年代”的称号。

复古风格包括古老的民族文化、信仰、习俗、文字、用品以及居住的特点。可以将这种设计描述为反其道而行之。

看到上图中的眼镜，是不是联想起电视剧里才会出现的那个时代的人物，运用现代技术与形式美重新把它们找回来吧！

BONE Horn Stand 就是近期推出的一款复古大喇叭的 iPhone 外置扬声器。BONE Horn Stand 由硅胶材质制成，可以根据 iPhone 的身形进行安装，正确的合体安装可以令这款扬声器在变为一个外置的大喇叭的同时，还可以充当手机底座。这种原始的喇叭造型设计虽然复古，但是能起到更加直接的表现效果。

复古眼镜

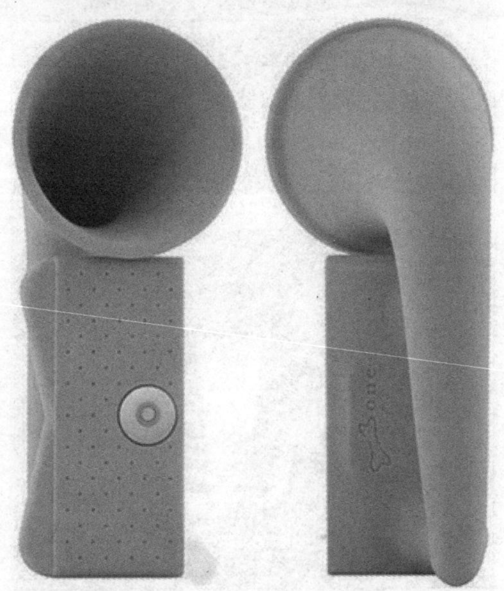

iPhone 外置扬声器

现在越来越多的数码相机都做成老式传统相机的样子，宾得特别推出名为 PENTAX Optio I-10 古典银的全新版本，让人联想起过去喜爱的胶片单反相机。高质感皮革纹理的黑色面板与上下银色面板的协调搭配，给人以强烈的古典单反相机的视觉感受。

宾得复古新款相机

全球劲吹复古风，这一款名为“情人笔记本”的概念笔记本电脑的设计原型是一台老式的打字机 Vilentine，其外形复古，但配置科技感十足，设计者采用了一块可卷曲显示屏，目的是要以此代替老式打字机的纸张。艳红的机身加上抽拉式键盘让这款概念笔记本看上去更为“性感”。

“打字机”笔记本电脑

第 4 节　回归——自然之美

这些桌椅由伦敦设计师设计，目前正在伦敦设计博物馆展览，它们由冻干的花朵编织而成。这种花为丝石竹属植物，花朵较小，茎脉细长，非常适合编织。在桌椅的制作过程中，这些植物材料首先需要和亚麻子油脂黏结在一起，然后再放进铸模，需要几周时间将其冻干，最后才能成功造型。这款椅子的设计目的是让城市里的人能够亲近大自然。

花朵编织的桌椅

第 5 节　品质——材料之美

这款用回收纸作材料制成的婴儿餐椅简洁大方，拆装方便，最高可以承载重约 18kg 的宝宝。它备有一条三点式安全带，防止宝宝意外跌落。在您不需要的时候，可以将它折叠起来，便于收纳。

婴儿餐椅设计

一成不变的家具用久了难免会让人感到有些乏味，这款椅子拥有独特的百变颜色，肯定可以让您耳目一新。它的座面由 200 多张颜色各异的纸张组成，您不仅可以选择喜欢的颜色，还可以把脏了的那页像日历一样直接撕掉。

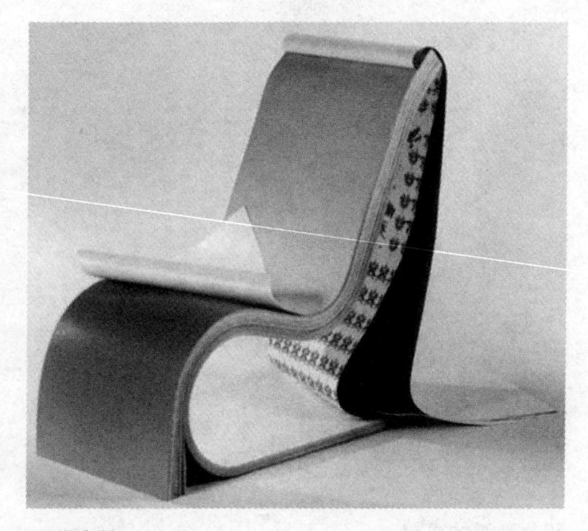

日历座椅

第 6 节　触动——人情之美

在使用语言的过程中，可以利用多种语言手段达到更好的表达效果。所谓好的表达，通常具有准确性、可理解性和感染力，并且能够符合自己的表达目的，适合信息发布场合和信息接收者。运用情感的感染力是最好的触动观众内心的表达方式。

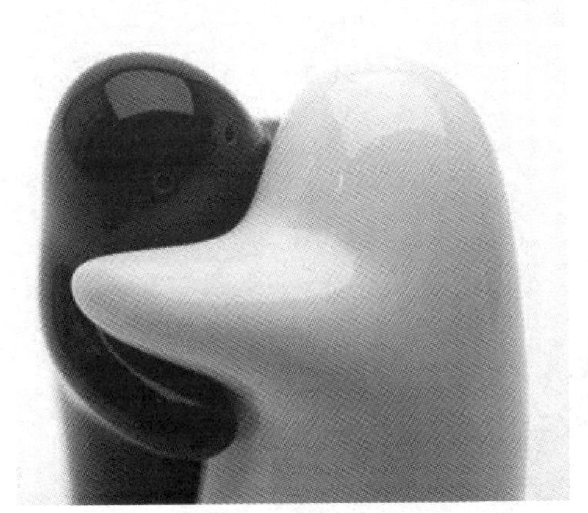

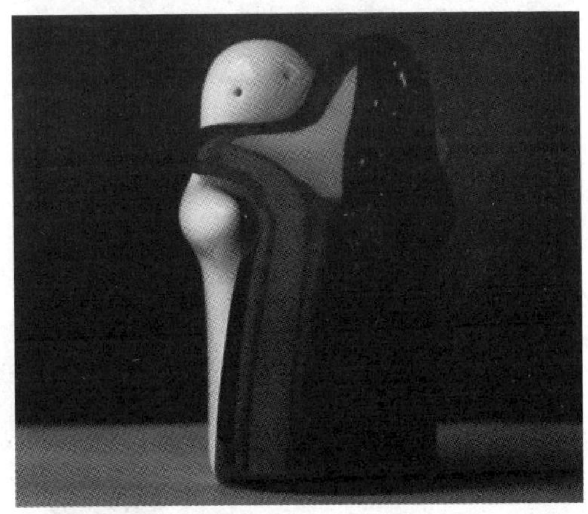

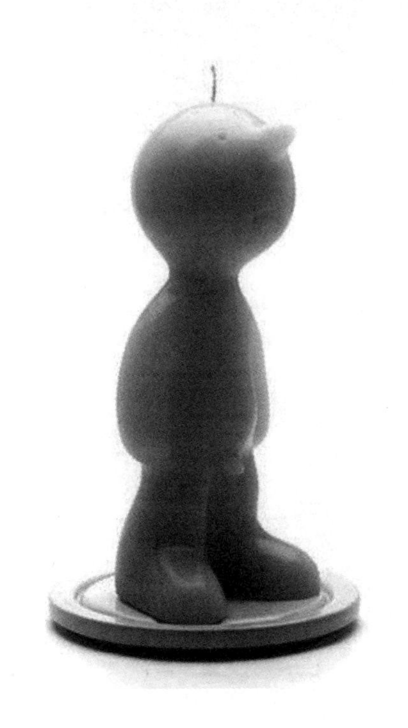

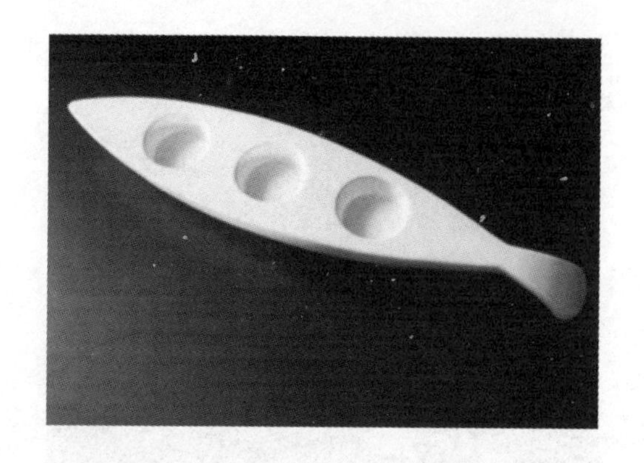

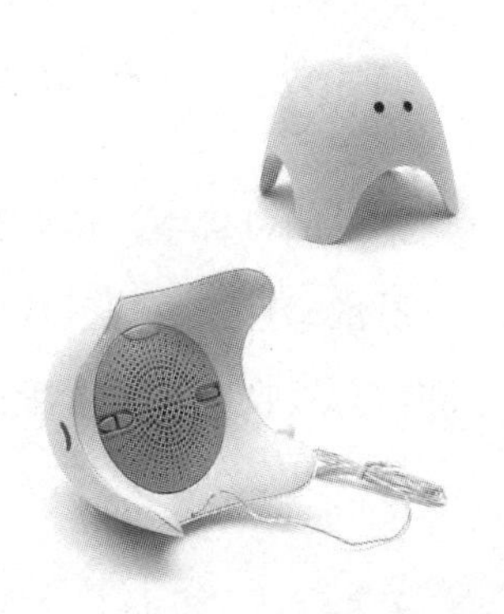

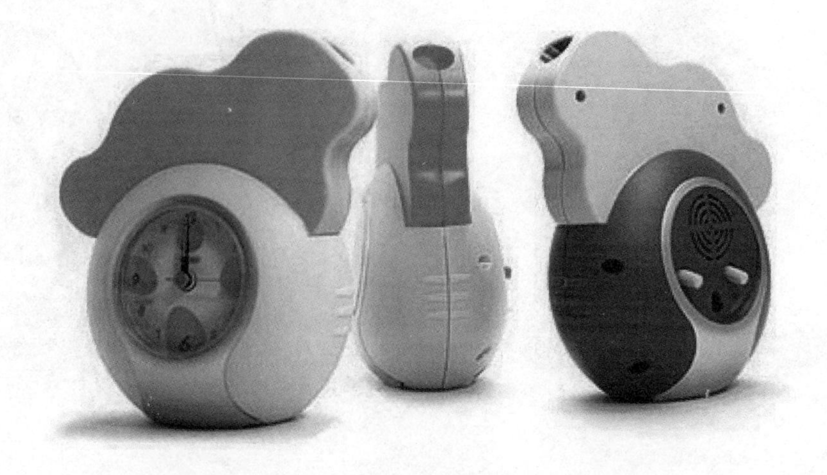

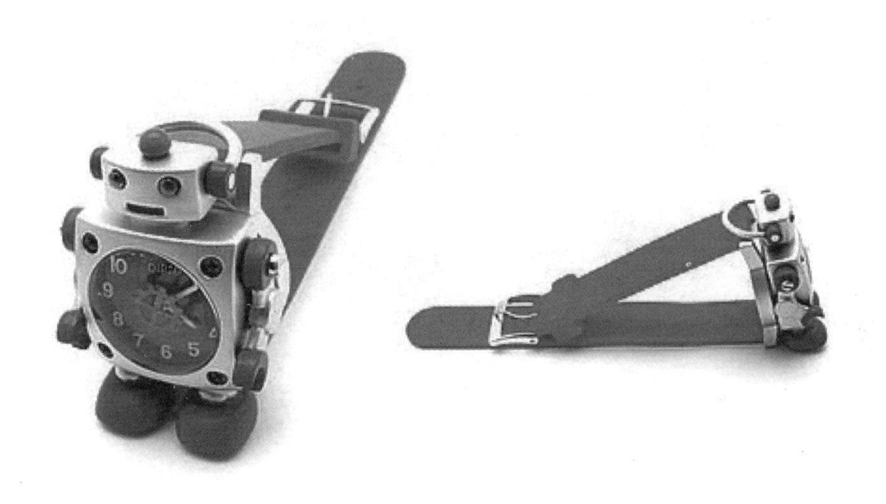

把灯丝做成花朵的样子，支架直接插入墙壁上的插口，看上去就好像是从墙壁上长出来的一样。

第 7 节　关照——地域之美

地域通常是指一定的地域空间，也叫区域，是自然要素与人文因素相互作用形成的综合体。一般有区域性、人文性和系统性三个特征。不同的地域会形成不同的镜子，反射出不同的地域文化，形成别具一格的地域景观，如中国的南北文化景观。

将少数民族图案元素运用到设计当中，是非常好的创意。

“民族风情”包的设计

把城市的特色风貌带回家吧，我们可以巧妙地借用城市代表建筑的形状做衣架造型设计。

第 8 节　精致——玲珑之美

玲珑，词语原意为娇小灵活之意。随着科技的日新月异，产品也变得精巧细致。

产品设计的表达需要突出视觉冲击力，因此要研究视觉，也就是人的眼睛。当眼睛注视某一目标时，非注视区所能见到的范围是大还是小，这就叫周围视力，也就是人们常说的“余光”。一般来说，正常人的周围视力范围相当大，两侧可达 90 度，上方可达 60 度，下方可达 75 度。在颈部不动的前提下，人眼的视力可以覆盖产品的整体轮廓，所以，设计就要注重细节品质。一般体积小的产品要设计得玲珑小巧，展现出来的效果必须有主有次、有进有退、耀眼炫丽、细致精彩。

看到这些晶莹剔透的优盘，你是否已经心动了呢？

优盘设计

迷你逐渐成为一种时尚生活态度，从迷你汽车，到轻便的上网本，再到超薄手机，都是吸引观众的利器。

飞利浦MP3的设计将晶莹、眩目、轻巧、袖珍、个性等时尚的语素都一一彰显出来。

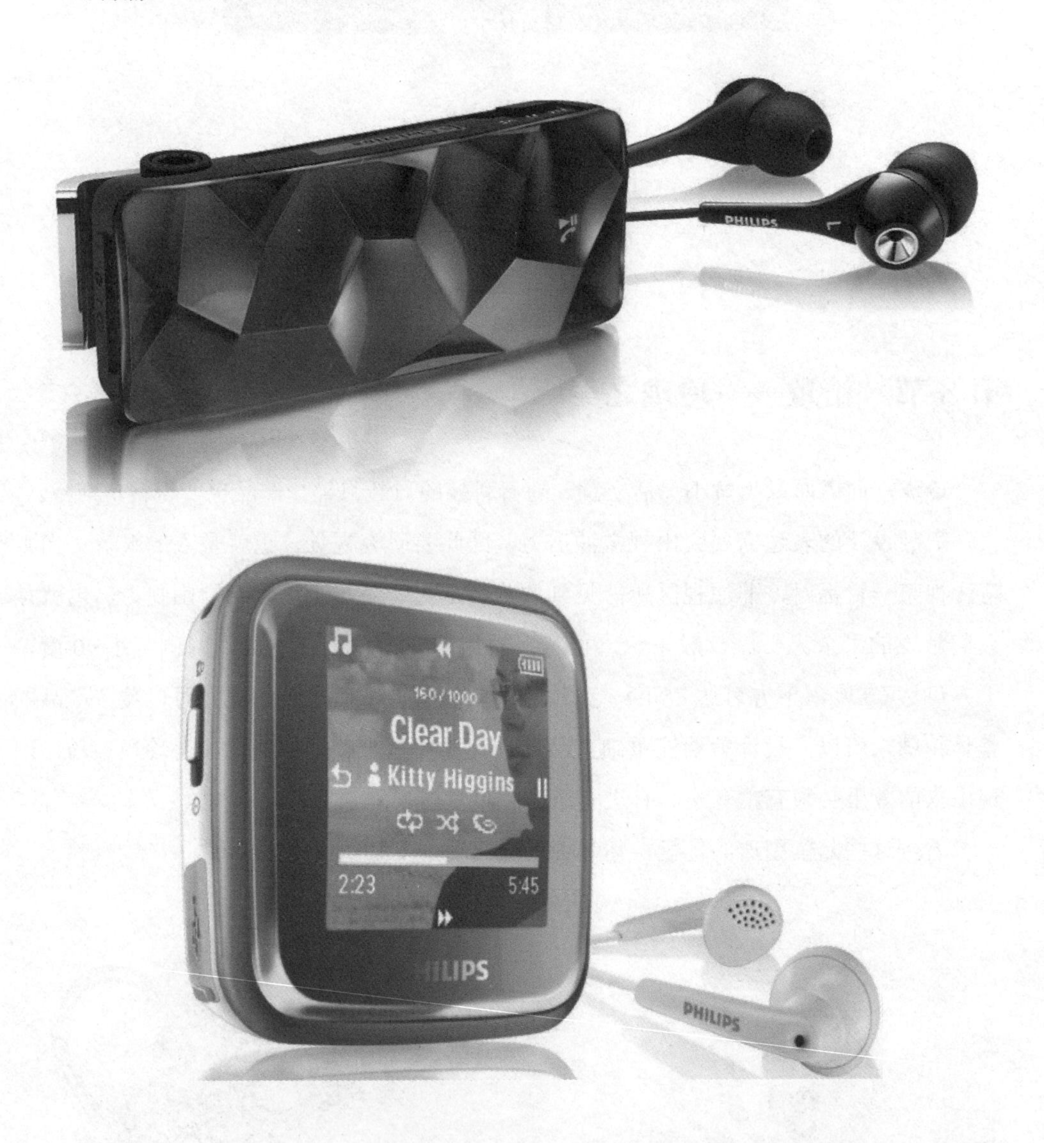

飞利浦 LivingColors Mini 并非是用于普通照明的灯具，而是用来营造家居气氛的环境光源。飞利浦的特殊设计可以通过色彩和光线营造适合您心情的家居氛围，这种设计拥有多达 1 600 万色，可以用光绽放出五彩缤纷的世界。LivingColors Mini 可以让你随自己的心情和喜好改变家居氛围。

宝马 mini Cooper 凭借独特的外观、灵巧的操控性能和出色的安全性能赢得了众多年轻人的青睐，而出身名门的显赫身份以及周身散发的尊贵气息，更能让人感受到绅士风度。

Smart 中的 S 代表了斯沃奇（Swatch），M 代表了戴姆勒集团（Mercedes-Benz），而 Art 是艺术的意思，那么这部车可以解读为斯沃奇和戴姆勒合作的艺术。Smart 有聪明伶俐的意思，这也契合了 Smart 公司的设计理念，所以在国内也称其为“精灵”轿车。

右图所示自行车是由英国设计大师克莱夫・辛克莱尔倾力设计的全球最轻最小的折叠自行车。轮胎直径仅仅 15cm，采用免充气特种 PU 轮，更便于移动、携带，整车净重仅 6kg。

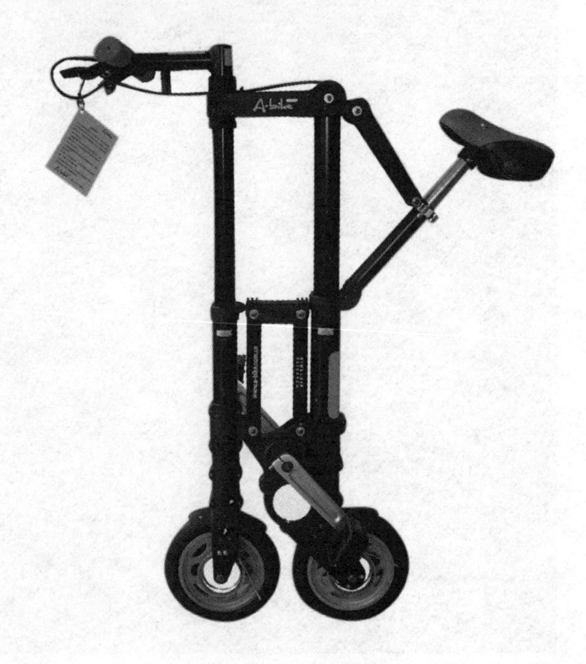

这是最新款的革命性设计，它能轻松覆盖大空间和难以清扫区域。

第 9 节 平衡——静动之美

在中国哲学史上，大多数哲学家都肯定天地万物的运动和变化，认为动与静是运动变化过程中的两个方面，二者相互依存、相互蕴含、相互转化。

这款君主凳出自希腊设计师 YiannisGhikas 之手。

这是一把摇摇凳，可以像摇椅一样摇摆。

第 10 节　不完美的完美——残缺之美

残缺美是我们经常在艺术作品中看到的一种审美形式，自然、历史、技术和表现的需要都是其产生的原因，而它本身又具有引人注目、令人悲壮、引发联想等艺术特点。在艺术中，大量存在因“残缺”而获得独特审美魅力的作品，我们把它称为残缺美。所谓残缺，主要是指艺术作品从外形、色彩、肌理、材质等方面具有一定的缺憾，或不完整，也就是通常所欠缺或不够完备的地方。残缺美因其现象之普遍、审美风格之独特，给我们留下了深刻印象，还能给予我们想象的空间。

第5章

产品设计造型美学的应用实现

本章以产品设计为例，以某一件产品的诞生和生命周期为表达载体，表述在设计这个庞杂而多角度的世界里，同样庞杂而多准绳的设计之美。

第1节 孕 育

孕育指产品设计的前期，也许它秉承了优秀的科技基因，或凝结了设计师完整的设计思想观念，它将会拥有美丽的外表和独特的气质。

产品市场多种多样、千变万化，而消费者的需求各不相同。设计在一开始就要对市场和环境进行调查研究，充分了解市场变化、供需关系、消费导向、流行趋势等。客观、科学地给予产品恰当、正确的定位。有了正确的产品概念规划，生产者和设计者的构思与计划才可能得以实现，也才能使企业在竞争中立于不败之地。现代的成功设计都是在充分的市场研究基础上确定设计战略。

针对产品设计而做的市场调查，其主要目的是了解消费市场的需求，以便使产品设计不断适应这些需求，从而使产品赢得更多的消费者，扩大市场占有率。市场调查包括三个层面：第一层是针对已经上市的产品，通过市场调查，了解消费者对现有产品设计的意见，以便对产品设计进行改进或再设计；第二层是探求市场现在和未来的需求状况，以便设计和开发新产品；第三层是在新产品小批量投产试销后，测试消费者的购买情况，了解产品的形式设计在消费者购买行为中所起的作用，了解消费者在使用过程中对产品形式设计的意见。通过上述调查，为改进产品设计提供可靠的依据，探索产品化的可能性。通过分析发现潜在的需求，形成具体的产品面貌，发现开发中的实际问题点，把握相关产品的市场倾向，寻求差别化的方向和途径。

在具体设计前要展开资料搜集，主要是了解被设计的产品的用途、功能、造型及使用环境等，了解产品制造单位的财力、设备、技术等条件，调查国内外同类产品或近似产品的功能、结构、外观、价格情况等，收集一切有关信息资料，掌握其结构和造型的基本特征、分析市场的发展趋势，调查各类消费者对此类产品的需求、消费心理、购买动机等，并进行广泛且深入的调查，从中收集必要的资料和数据，在此基础上，对这些资料和数据做出客观的分析和评估，并据此写出调查报告，交企业的决策者，作为其制订新的计划的参考。

市场调查按调查的主要内涵可分为两个方面：一方面是偏重于收集各个方面的经济信息，如当前国家的经济政策对消费市场的影响，以及市场营销方面的具体状况等，并根据调查得来的客观资料和数据进行宏观研究，预测今后消费市场发展的趋势。从这一角度进行的市场调查，主要考虑的是产品“量”的问题，即偏重调查研究各类产品在消费市场中的占有量和未来市场的需求量等。另一方面是偏重于收集消费者对产品本身的意见，如对产品的质量和产品的设计形式方面的意见，询问其对产品满意或不满意的原因，以便生产者和设计者根据这些消费者的意见，重新进行设计和生产，在满足消费者需求的基础上，进一步扩大消费市场。从这一角度进行的市场调查，主要考虑的是产品“质”的方面，即偏重调查研究各类产品的质量、造型和色彩是否为广大消费者所喜爱，以便在重新设计和生产中提高产品的内在质量和外在形式的美观程度，使消费者更加满意，乐于购买，并通过产品的不断改进提高消费者的生活质量，满足其丰富的审美需求。

第2节　诞　　生

良好的骨骼发育和工艺细节使产品经得起推敲。

创意构思是设计师在设计过程中遇到的问题并为此做出的解决方案。设计构思的过程就是把模糊的、不确定的想法和思维明确化与具体化的过程。在这一阶段中要提出设计的初步方案，提出用哪些方法解决产品的哪些要求，提出各种构思方案，即尽可能使概念、创意和设想最大化，不要过多地考虑限制因素。设计构思常用的方法有：头脑风暴法、列举法、移植法、仿生法、视角转换法等。

在一种想法或概念出现时，设计师需要用一种更直观的方法——设计草图将其表现出来。绘制设计草图是设计师将自己的想法、思路、理念通过具象的图形表现出来的创作过程。草图有多种画法，比如钢笔淡彩草图、创意形态草图、结构草图等。在具体的构思过程中，选择使用哪一种草图绘画技法表现想法和创意要根据设计师的个人喜好而定。关键是要清楚地表达设计师思维的灵动与创意的思路，草图的表现方式一般通过徒手手绘或计算机手绘表达出产品的轮廓、色彩、创意出处或者构成结构等。

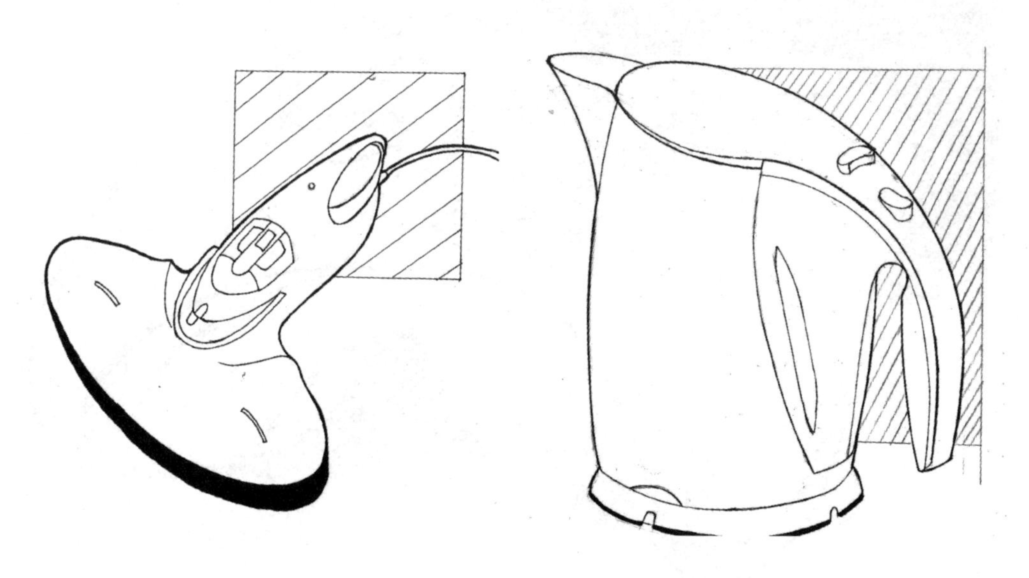

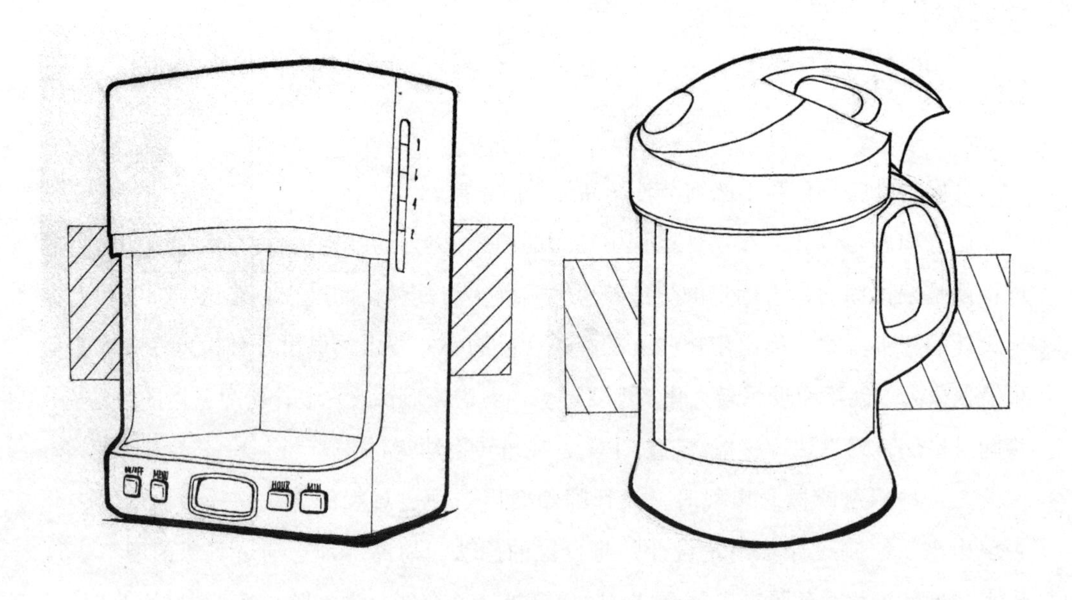
ON/OFF
MENU
HOUR
MIN

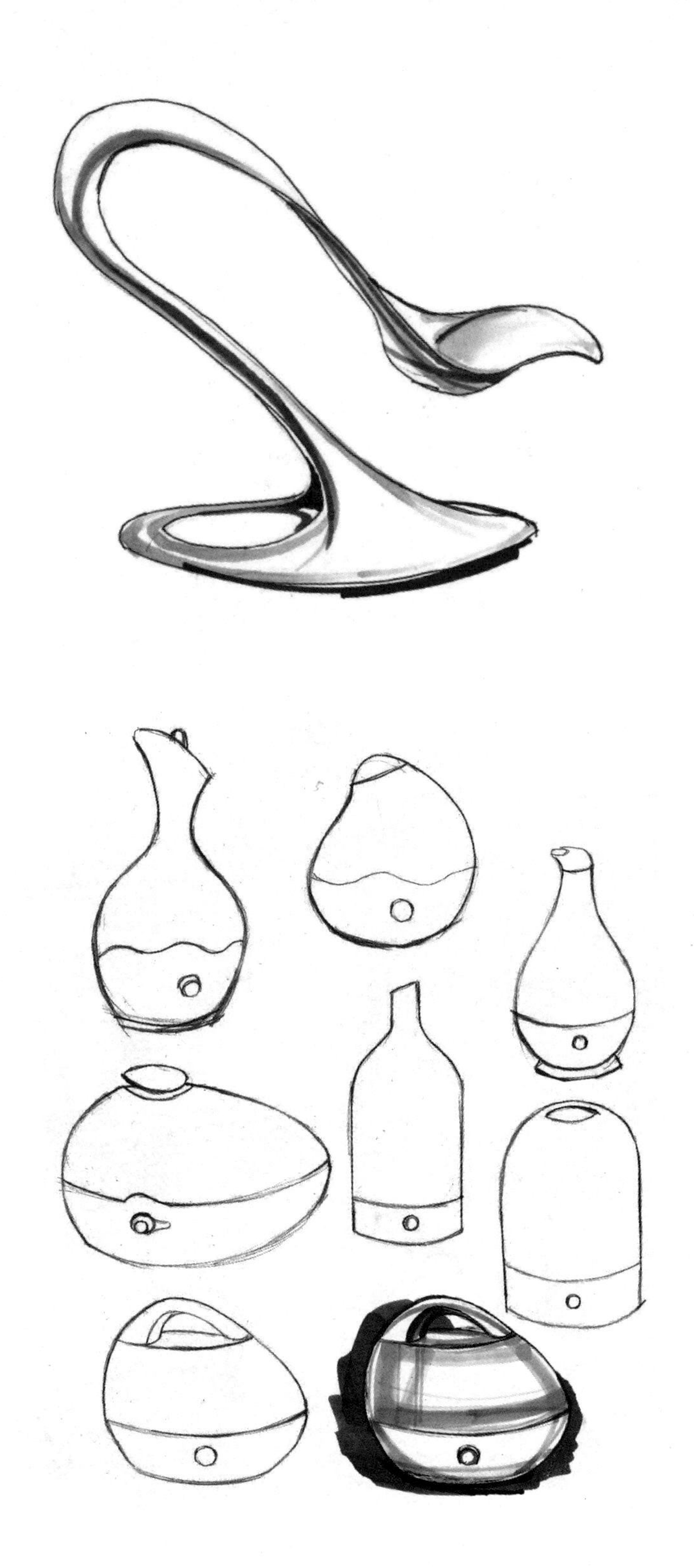

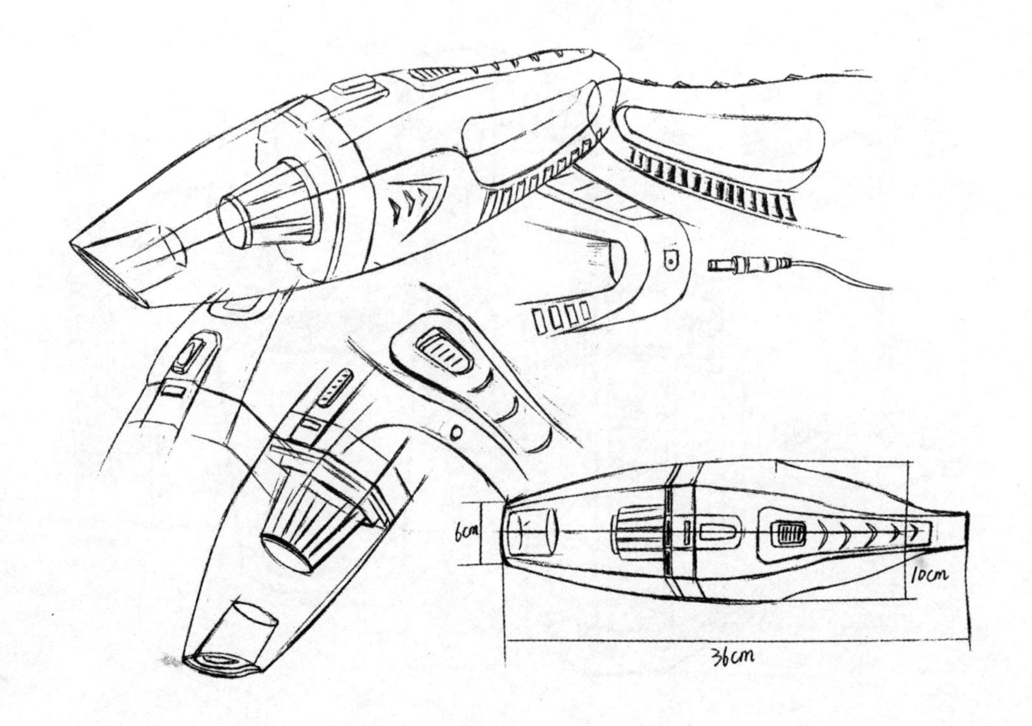
6cm
10cm
36cm

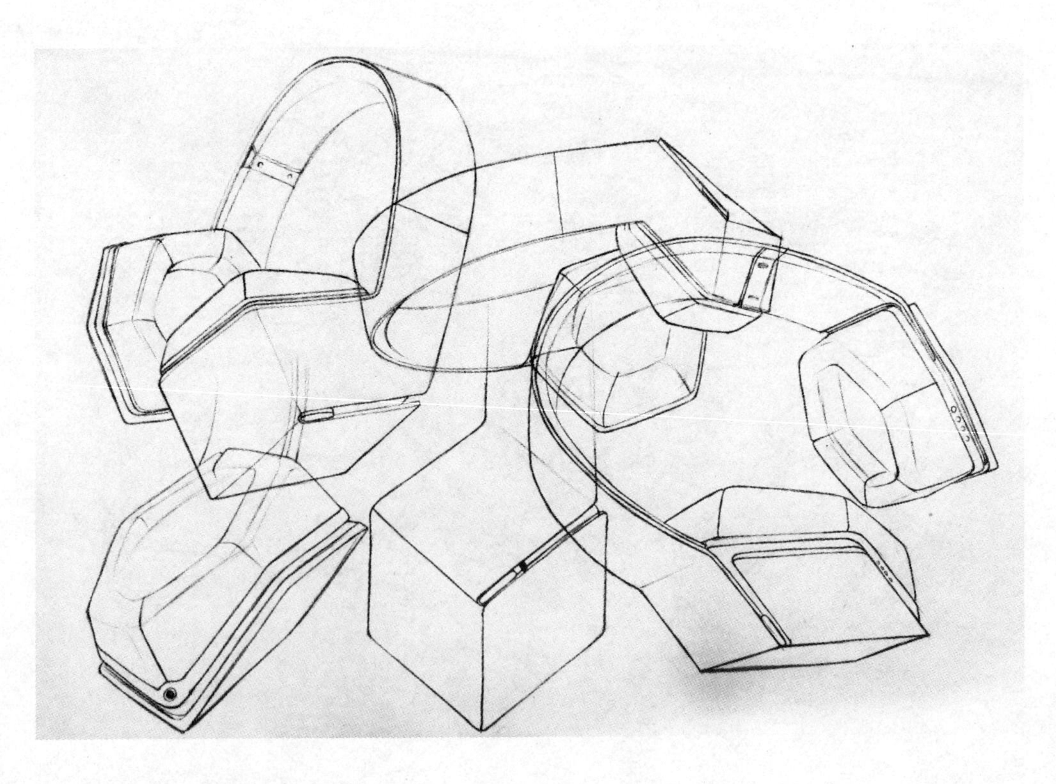

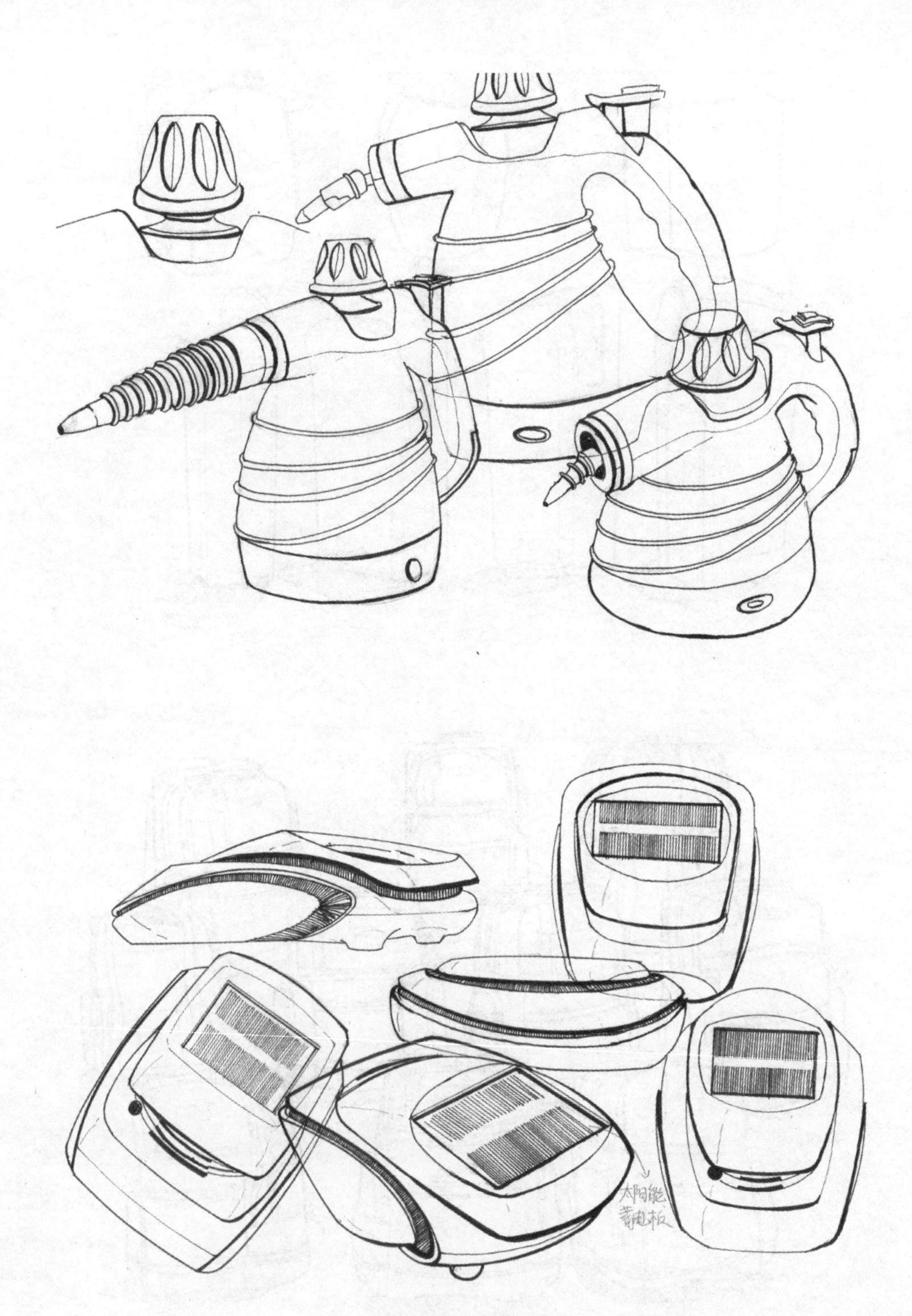
太阳能
蓄电板

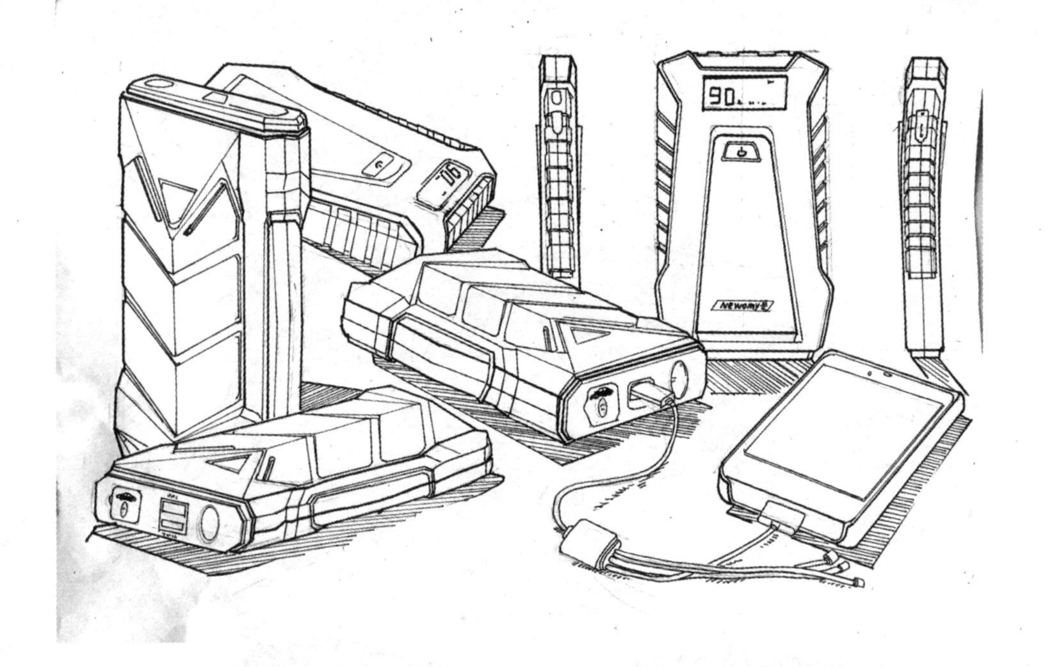
90
Newomy®

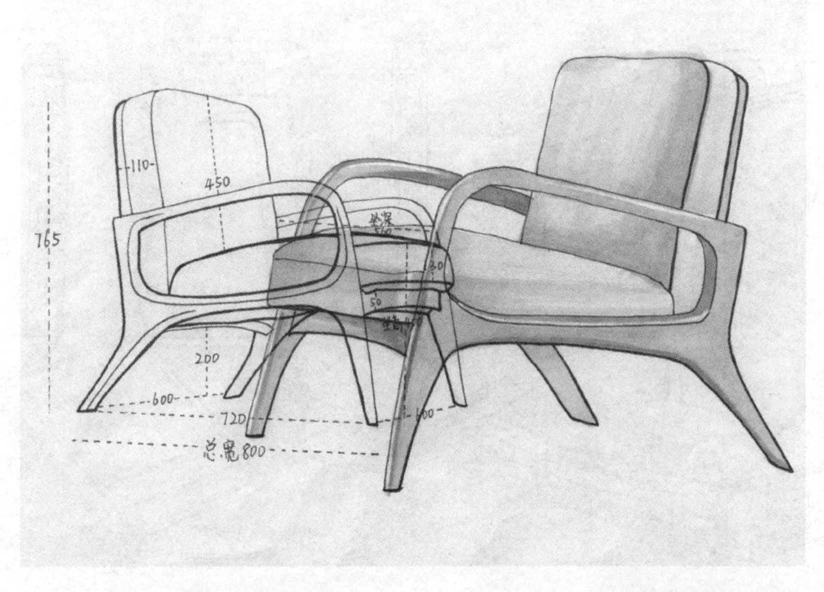
110
450
765
坐深
30
50
200
600
720
400
总宽800

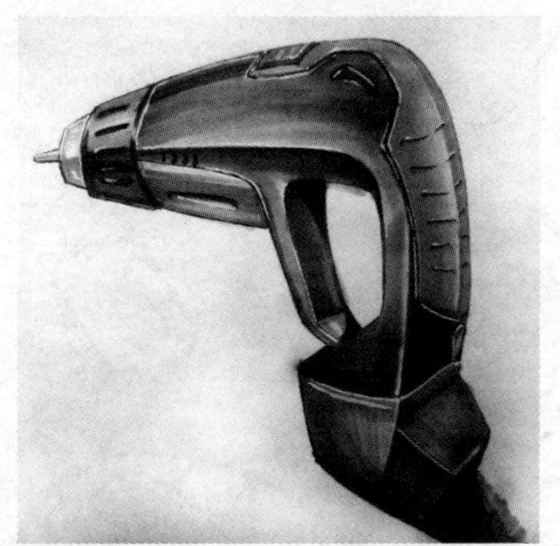

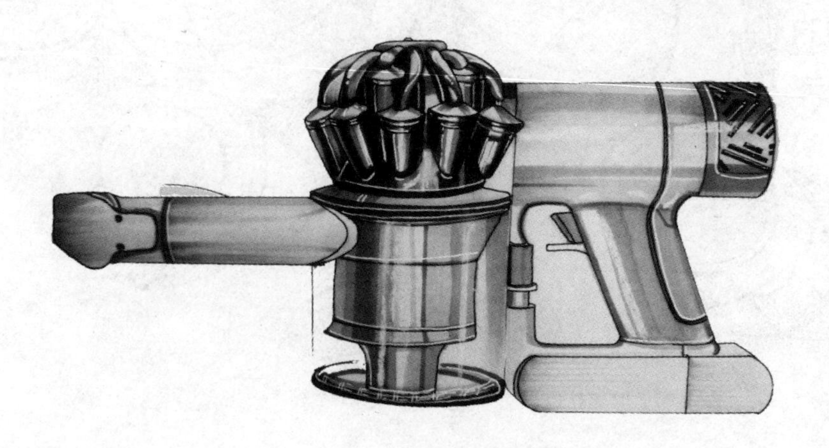

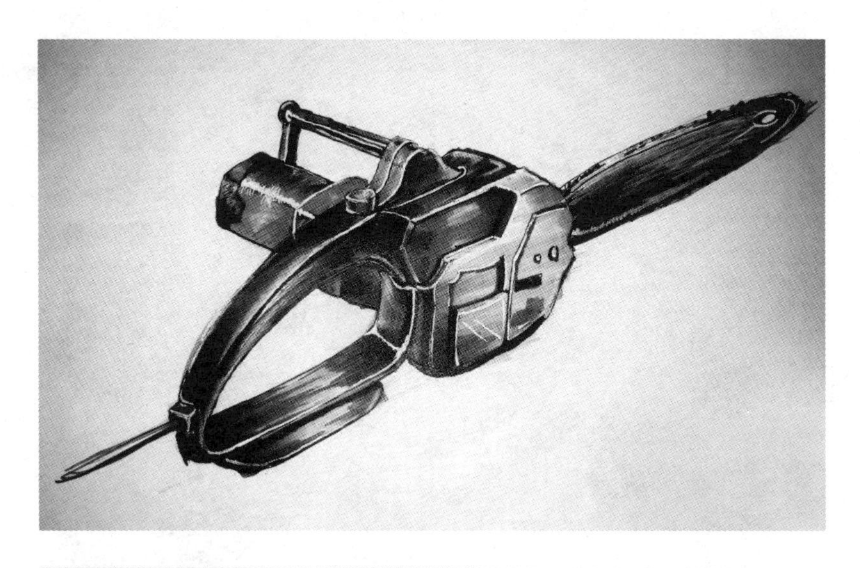

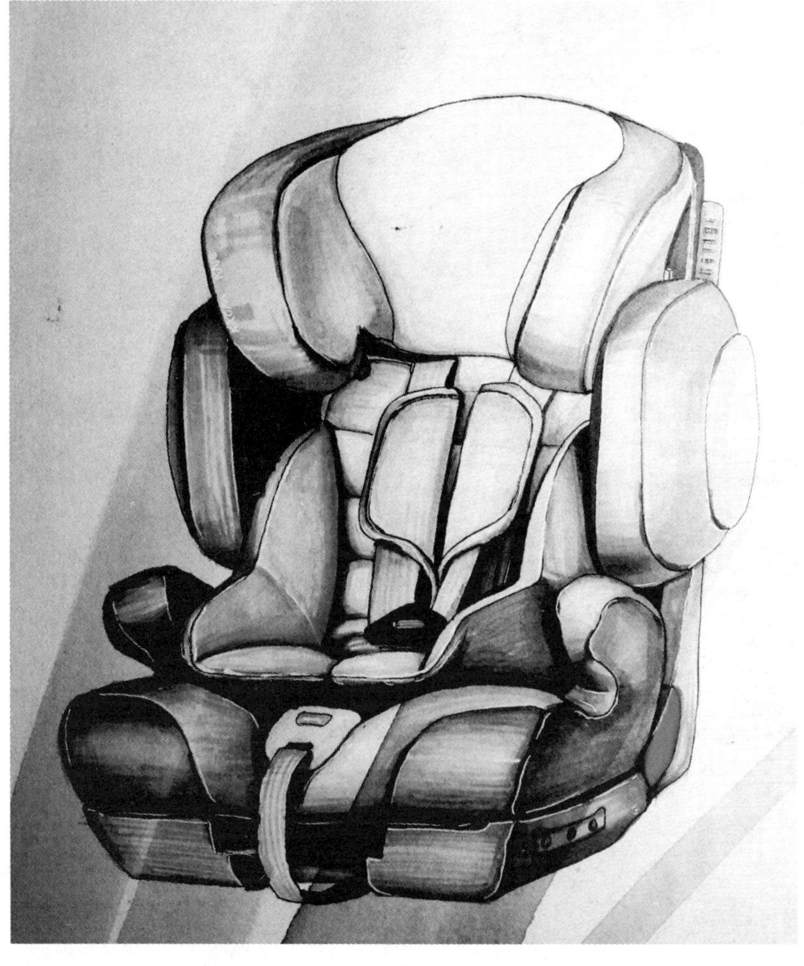

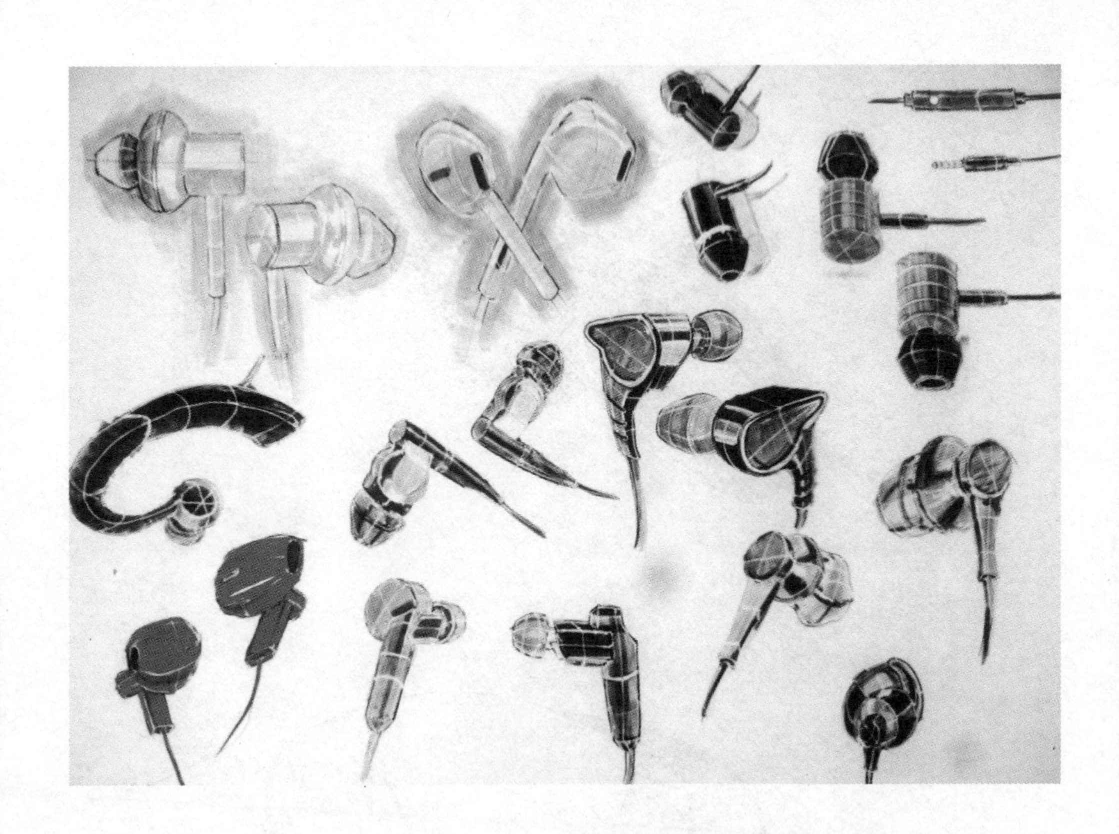

第3节　生 活 环 境

在新的环境里，产品造型设计如何才能做到与周围的一切（其他产品和既定环境）共生相容，和谐相处呢？

产品设计是人—环境—产品之间的关系设计，以灯具设计为例，不同的环境下，人对灯具的需求是不同的。灯具反过来也影响着环境，烘托环境氛围。比如，读书环境需要的是护眼、聚光的光源，餐厅需要的是优雅、情调、散光源效果，装饰灯需要创造出一种浪漫的环境。如下图所示的灯具设计。

第4节　与人相处

如何站在消费者的角度，使设计更加合理，更符合消费者的生理和心理，最大限度地增加使用者的舒适感、安全感、可靠感，提高休息或工作效率，达到人与生活环境的和谐。现代家具设计特别强调人体工程学，家具设计在有使用功能的同时，更要具备舒适度。在设计家具时，设计师会将尺寸放在首要考虑范畴，先了解人体的各部分尺寸，再根据人体各部分尺寸的测量数据进行设计，这样设计出来的室内空间，使用者在使用时才能感觉舒适。设计要以实用性、易用性和人性化为核心。

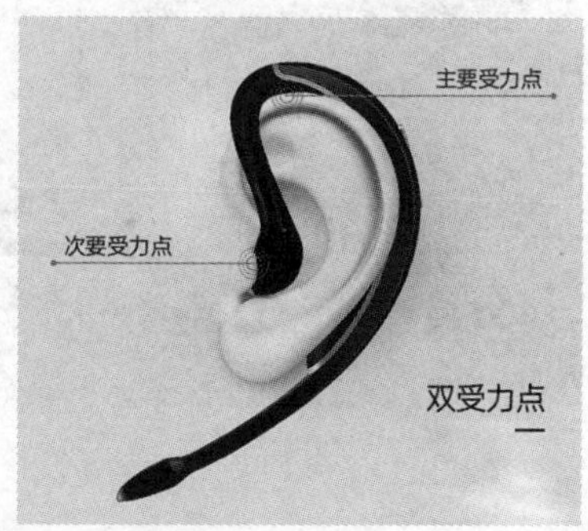

第5节 情感导线

产品造型设计需要了解使用者的文化背景、使用习惯、舒服的姿势，甚至情绪的波动。

产品深层的文化内涵作为设计中的非物质设计元素，是实现产品情感化的另一个关键所在。产品若能够和人们交流，首先必须要得到他们的认同，这是一种内在的精神层面的对话。传统的文化、人文精神是人们的风俗习惯、生活方式和思想观念经过漫长的历史沉淀达成和所拥有的普遍共识。传统文化能够通过人有意识或无意识地对自己的生活世界进行理解和改变，所以文化对设计会产生潜移默化而又非常深刻的影响。产品设计可以通过这些传统文化的渗入唤起人们脑海深处的回忆，使人们产生审美的愉悦、精神上的慰藉和归属感。当然，历史在发展，文化也随着时代的发展而不断调整变化，不同时代的人们的思想观念和情感诉求是不同的，所以设计的文化内涵应具有时代特色，在传统的基础上采用符合新时代精神需求的设计元素，实现消费者与产品的沟通并帮助消费者找到情感的依托。利用传统文化作为提高产品竞争价值的设计理念，得到了当今设计师和消费者的普遍认可。

温馨的家庭必有文化艺术之营养，文化的传承将成为家庭的风格。好的产品一定要有文化审美，没有文化就是没有灵魂，好的产品也需要向消费者表达这种文化，将传统文化的一些要素通过设计语言进行表达，产品就会有无穷的张力。

这款专为儿童设计的LED灯泡采用了颇受小朋友们喜欢的卡通人物“米奇”的造型，十分可爱。在房间里装饰这样的灯泡，小朋友们肯定会很开心。

第6节　青春常在

产品的生命不应该是昙花一现，弱时效性使它青春常在，让它的美丽不会因为世界潮流的风起云涌而逐渐褪去，产品要尽力维持生存，以减少新的能源耗费。

由荷兰艺术家Geke Wouters设计的这套可以食用的餐具是由胡萝卜、辣椒、甜菜、韭菜、西红柿以及其他蔬菜，通过特殊的干燥工艺制成。它们的造型独特而丰富，而且没有一点污染。

一位国外设计师经过反复实验，终于用一种防水的纸质材料做出了这款一次性剃须刀，即拆即用，安全方便，可回收利用，相对于市面上常见的一次性塑料剃须刀，更为环保。

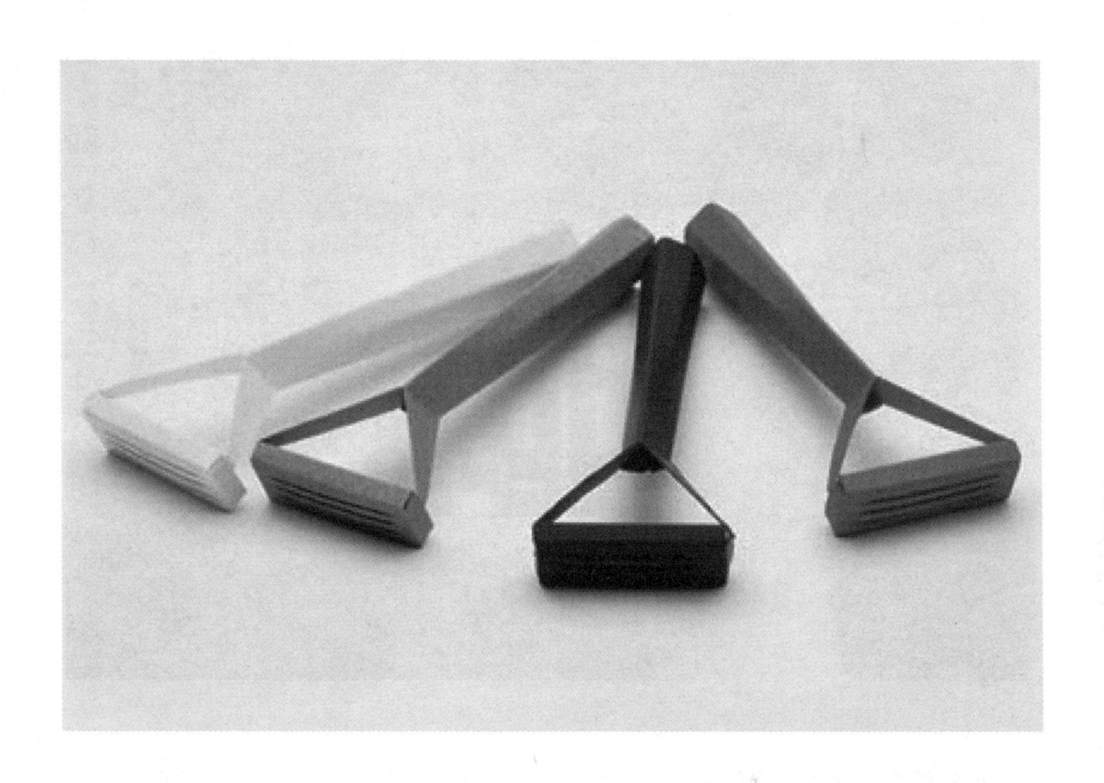

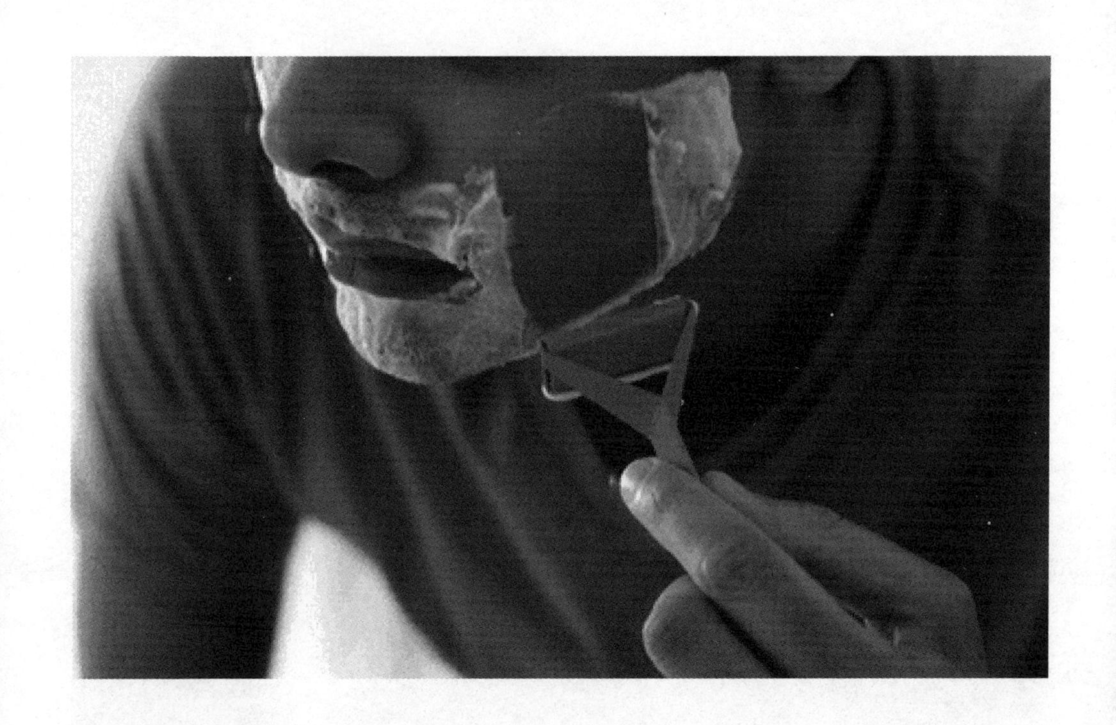

植物纤维花盆早已风靡海外。荷兰政府花了 10 年时间用环保花盆完全替代之前的塑料花盆。植物纤维花盆是利用农作物秸秆等固体废物制成，如稻壳、稻草、甘蔗渣、麦秸、麦麸、玉米芯、玉米秸秆、花生壳及其他农作物秸秆等作为原材料，采用先进工艺制成的一种新型的可生物降解的环保花盆。

这台名为的“VAX EV”是世界上第一台全功能的纸板吸尘器，是来自英国拉夫堡大学的学生的设计作品。外形上与我们常见的家用吸尘器没什么区别，零部件主要以可回收的塑料为主，全纸板的外壳、轮子和手持吸管部分采用模块化设计，用户更换零件相当方便。重要的是它的造价只有普通吸尘器的十分之一，而且环保，用户还可以在外壳上面自由地涂鸦。

第 7 节 重 生

产品寿命终结，它可以捐献自己还有使用价值的“器官”，以新的形式继续发挥效用。

作为大型家电产品制造商，伊莱克斯公司每年都需要消耗大量的塑料制品。为了响应环保的号召，他们发起了一项海洋塑料垃圾回收运动，呼吁人们关注海洋生态环境，唤起公众的环保意识。与此同时，伊莱克斯公司将收集来的塑料垃圾重新利用，制成了这款拥有五彩斑斓外壳的限量版吸尘器。其中的彩色部分由回收塑料直接压制成型，省去了二次加工带来的污染。这款吸尘器的 70% 的原材料来源于回收塑料，最大限度地将塑料垃圾变废为宝，不仅节约了资源，还打开了新产品的大门。

一位捷克的设计系学生推出了自己的构想，并将其设计成型。在他的设计中，废弃的可乐瓶被整合起来，并借助绳索的力量固定在一个底座上。如此一来，可乐瓶便会组成一张带有弧度的舒适座椅。因为可乐瓶自身就十分轻，所以把它们做成便携的沙滩躺椅供游客休息着实是个不错的选择。

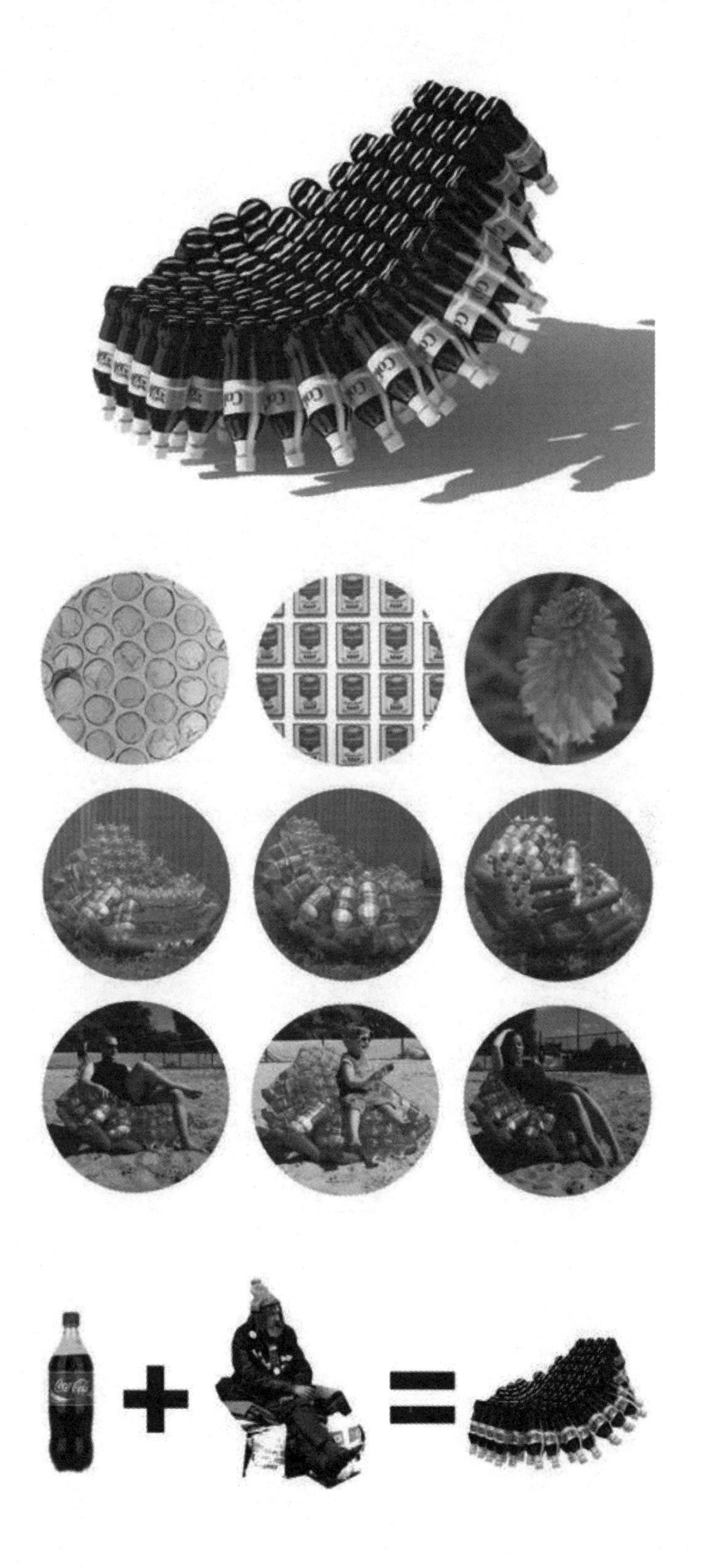

第6章

主题设计

第1节　主题一——产品情感语言

当设计中添加了真挚浓稠的情感，设计就像被点燃了生命一般，其灵魂跳跃于形式感之上，触动人们的心扉。人们不再需要艺术鉴赏的想象力，也无须明锐的思维能力和丰富的美学理念，只需遵循自己内心的喜爱，让艺术的感染力直通心灵。这种情感的吸引和共通传递着情感的文化，阐释着设计中的情感意义，彰显着设计中的美学。

设计的任务是让产品服务人们的生活。设计来源于生活，并最终回归到生活，达到改变人们生活品质的目的。情感作为人们生活的重要组成部分，直接影响着人们的生活方式和质量。所以，在人们对情感回归的迫切愿望中，设计师应该将设计作为人们情感表达和交流的一种依托，努力提高这种情感化的设计品质，营造良好的社会环境，让人们的情感能在设计的背后得到更多的关爱与呵护。笔者在2011年韩国国际设计大赛“Green Heart”中的获奖作品《时钟》，从人的内心自然情感中寻找产品设计创意营养，通过视觉冲击的表现手法将情感在表盘上呈现出来。一汪清水，两条金红色的鲤鱼在水中追逐嬉戏，分别代表时针和分针，围绕在可控制的起伏不平的波纹盘面上游动，寻找自然生态的氛围，时而簇拥，时而分散，时而又似微风拂面激起层层涟漪，恰似一幅画卷，清心、秀美、贴入人心。另外一款是一朵盛开的牡丹，两只蝴蝶在花间翩翩起舞，似能嗅到缕缕花香。如此清新淡雅的意境，让人一洗生活的枯燥和喧嚣，心灵更加亲近自然。笔者作品如下图：

第 2 节　主题二——产品文化语言

设计的宗旨是将无形的文化内涵运用到产品设计中，让有形的产品来传载无形的文化和美德。下图是笔者设计的这款果盘，它的设计灵感来源于“孔融让梨”的故事，通过抽象的产品造型向人们展现谦让之美。果盘的整体形状为圆润、饱满的曲线，含蓄而又不失活力。果盘主要由中间的大圆盘和两边的小圆球构成，从中间分割为黑白两部分，分别代表了两个小孩。果盘设计形象地体现了两个小孩互相推让的情景：右侧的小孩拱起双手，恭敬地将盘中果品让给左侧的小孩，而左侧的小孩则身体后仰，双手摊开，想将盘中的果品让给对方，用抽象的方式体现了两个小孩互相推让的情景。作品赋予了静止的果盘些许灵气和生命力，同时又起到了极好的文化推广作用。

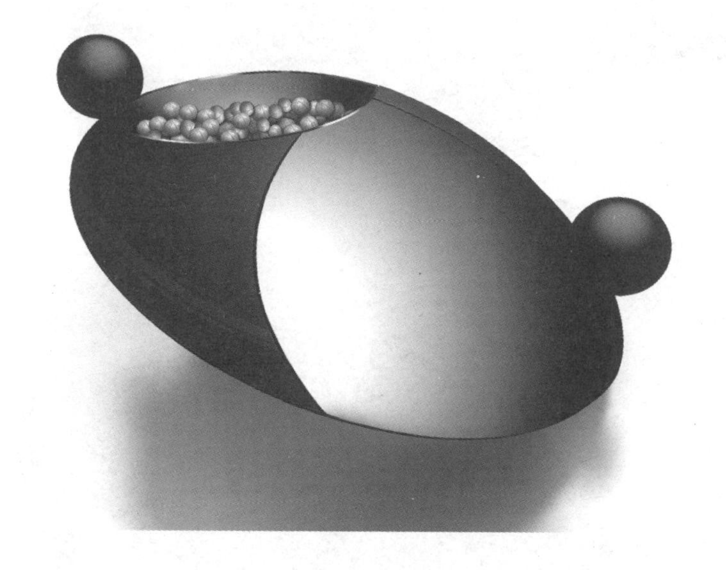

“孔融让梨”果盘

第 3 节　主题三——产品体验语言

科技信息时代下，我们可以创造某种新的生活方式，如针对人们在用早餐时，一边看报纸一边吃饭的习惯，可以从中寻找创新点，笔者设计了这款 Media 托盘，在其中融入了用户体验以及科技时尚等设计观念，将托盘的功能传媒化，将信息传媒与托盘结合在一起，不但创造了新的产品价值，同时也满足了人们对信息传媒的需求，比如，浏览报纸信息和影像文化、观看餐饮广告和健康知识宣传等，更好地服务人们的生活，使人们在吃早餐的过程中有一种别样的体验。

Media 托盘将功能、技术与创新结合在一起。外壳采用有机玻璃，内部结构采用液晶屏。信息资源会通过蓝牙传输给 Media 托盘，按键采用全触摸方式，方便人们使用。

设想一下，当我们在快餐店用早餐时，不仅可以用 Media 托盘端食物，还可以一边用餐一边浏览托盘上的信息，这种用餐方式不但契合现代人的生活节奏，还创造了一种新的生活方式。笔者作品如下图：

ARE YOU UP FOR
BK STACKER?

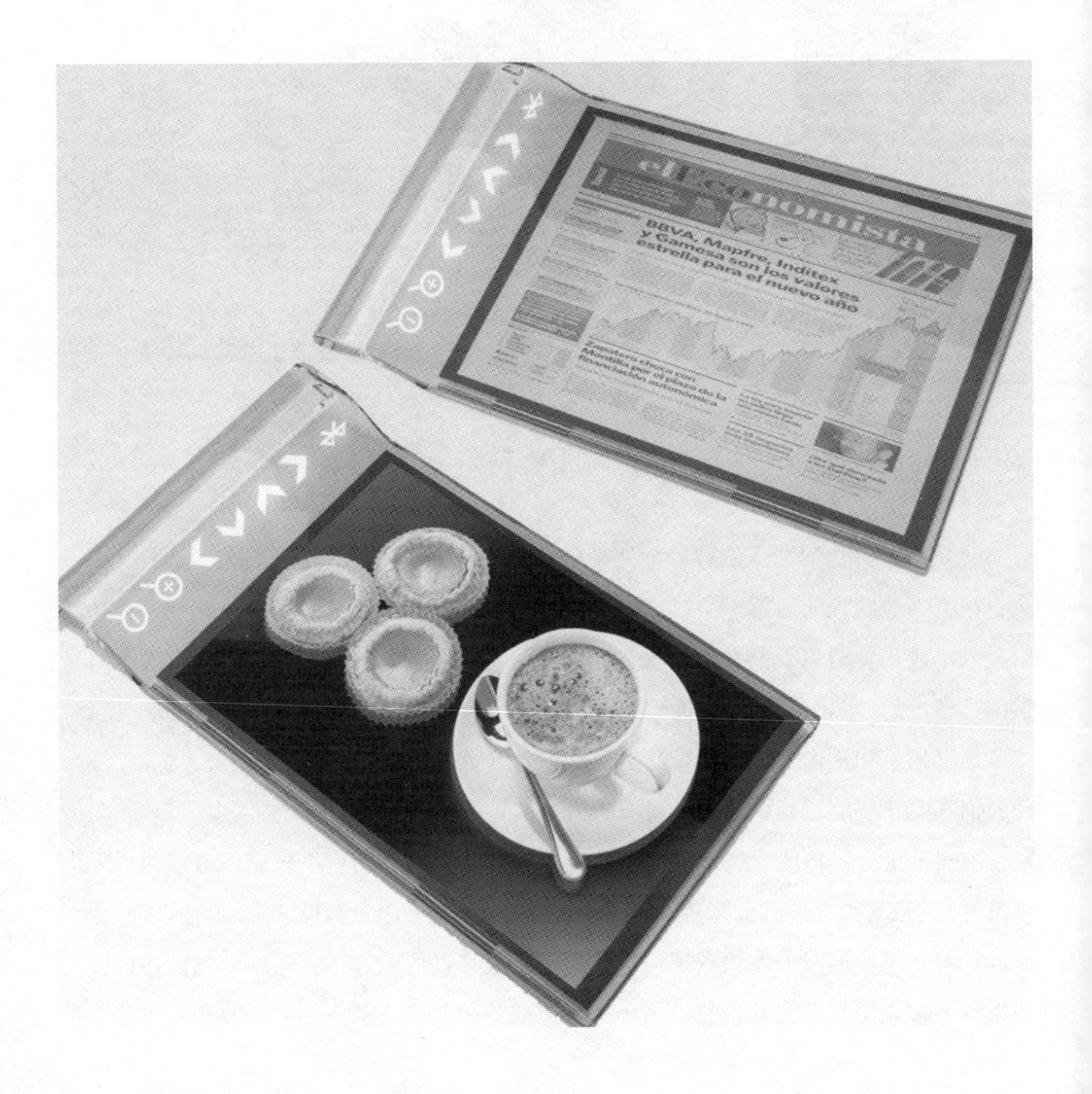
elEconomista
BBVA, Mapfre, Inditex
y Gamesa son los valores
estrella para el nuevo año
Zapatero choca con
Montilla por el plazo de la
financiación autonómica

第 4 节　主题四——产品地域语言

大雪山是祁连山中断块的一个完整的小山地，其北为昌马盆地，东界疏勒河峡谷，南临野马河谷地，西至公岔达阪山口。它长 88 公里，宽 20 ～ 30 公里，山地面积约 2 200 平方公里。大雪山平均海拔 4 000 米左右，最高峰海拔 5 483 米，是祁连山北端最高的山体。由于大雪山地处西北气流直下的要冲，高山降水丰富。大雪山共有冰川 203 条，面积 159.4 平方公里。在雪山中，很多造型都吸引着观众的眼球。祁连山被终年不化的冰雪覆盖着，银装素裹，白雪皑皑，云雾缭绕。大自然的生机勃勃触动着我们的灵魂。笔者指导学生对祁连雪山进行草图解析，寻找同构形态，将山形与雪狼进行同构，寻找图形的突破，把雪山冰川的形状与嚎叫的雪狼融为一体。

笔者指导的学生作品如下图：

总结同构图形灵感需要一定的表达空间，将图形绘制在座椅的坐面和座椅的靠背面上，抓住光影关系在雪山中呈现出的视觉效果，运用反光强的材料作为主材质，通过反衬，靠背面为嚎叫的狼，其倒影为冰川反光的山峰。同时，群狼与山峰连绵的效果通过一个座椅单体穿插一个座椅单体的方式表现出来，可分开，可连接，形成一排，而且可为多人服务，笔者指导的学生作品如下图：

第 5 节　主题五——产品多元化语言

随着城市的发展，越来越多的休闲场所被建立起来，公共设施的建设就显得尤为重要，并成为城市文化建设中的重要组成部分。在公共设施中，公共座椅的使用率极高。以公共设施的服务性视角为切入点，主要分析公共座椅的功能、造型、材质等因素，并且结合现代社会发展的现状，对公共座椅的服务性进行延伸，深入探究公共座椅在满足安全性、功能性、舒适性的基础上，还可以满足人们其他不同需求的可能性，进行公共座椅多元化服务设计的分析，提出公共座椅的创新设计方案。这对公共座椅的未来发展具有积极的促进作用，可以使之更好地服务市民，提高人们的生活质量。

笔者指导的学生设计方案将公共座椅和书柜做了一定的结合，在使用者休息时，为其提供各种类型的书籍，一方面，丰富了使用者的知识；另一方面，在人们趋向于碎片化记忆的今天，提供另一种获取知识的渠道。此次公共座椅的方案设计主要是将小型书柜和公共座椅做了一定结合，使用者在休息的同时，还可以安置宠物。

这种座椅造型简单，其木质材料既具有古典的美，又拥有现代的设计，可以放置于公园、学校、街道等户外公共场所。这种公共座椅在城市的景观环境中起到的是传递社会文化脉络的作用，在人们坐下来休息的同时还可以阅读不同种类的书籍，拓展自己的知识面。随着电子科技设备的飞速发展，人们获取知识的途径变得越来越单一化、数字化，这些碎片式的记忆法通过小型图书馆与公共座椅的结合可以在一定程度上帮助人们多元化接受信息。笔者指导的学生作品如下图：

第 6 节　其他主题作品

下面是笔者及学生的作品。

竹　语
Bamboo words
竹子是一种不可思议的植物，不但能营造清爽的氛围，
而且有旺盛的生命力；由于竹子是管状物，
导致竹子的板料大多都是由一条条细长的竹条胶合而成。
"竹语"利用竹子细长且柔韧的特性，
通过对一些竹条的弯曲形成家具用品的储物空间。

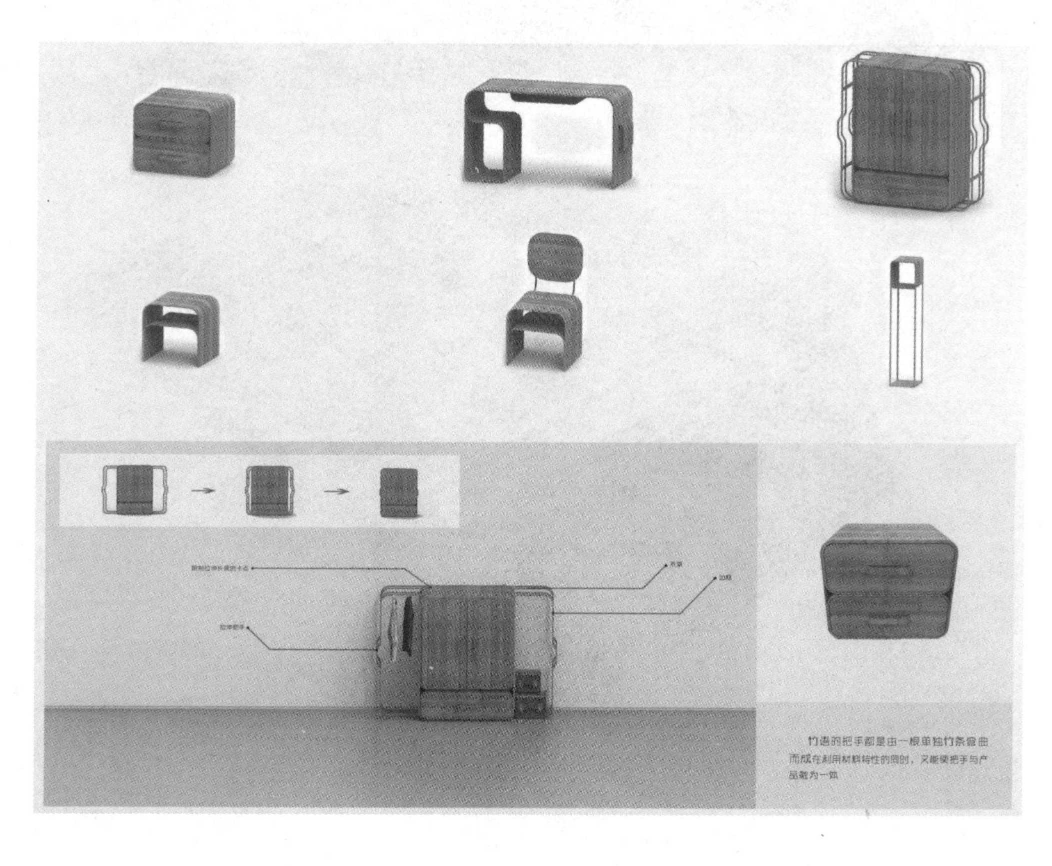
竹语的把手都是由一根单独竹条弯曲
而成在利用材料特性的同时，又能使把手与产
品融为一体

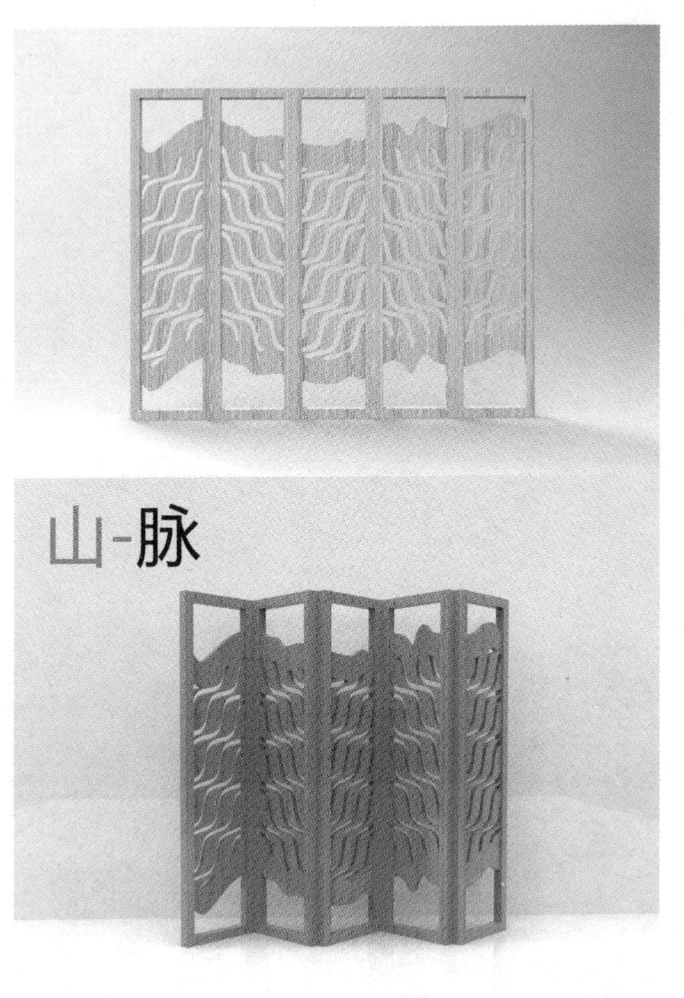
山-脉

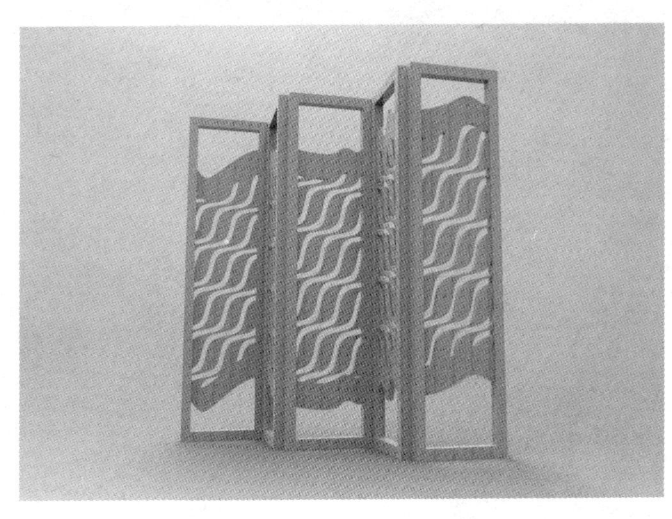

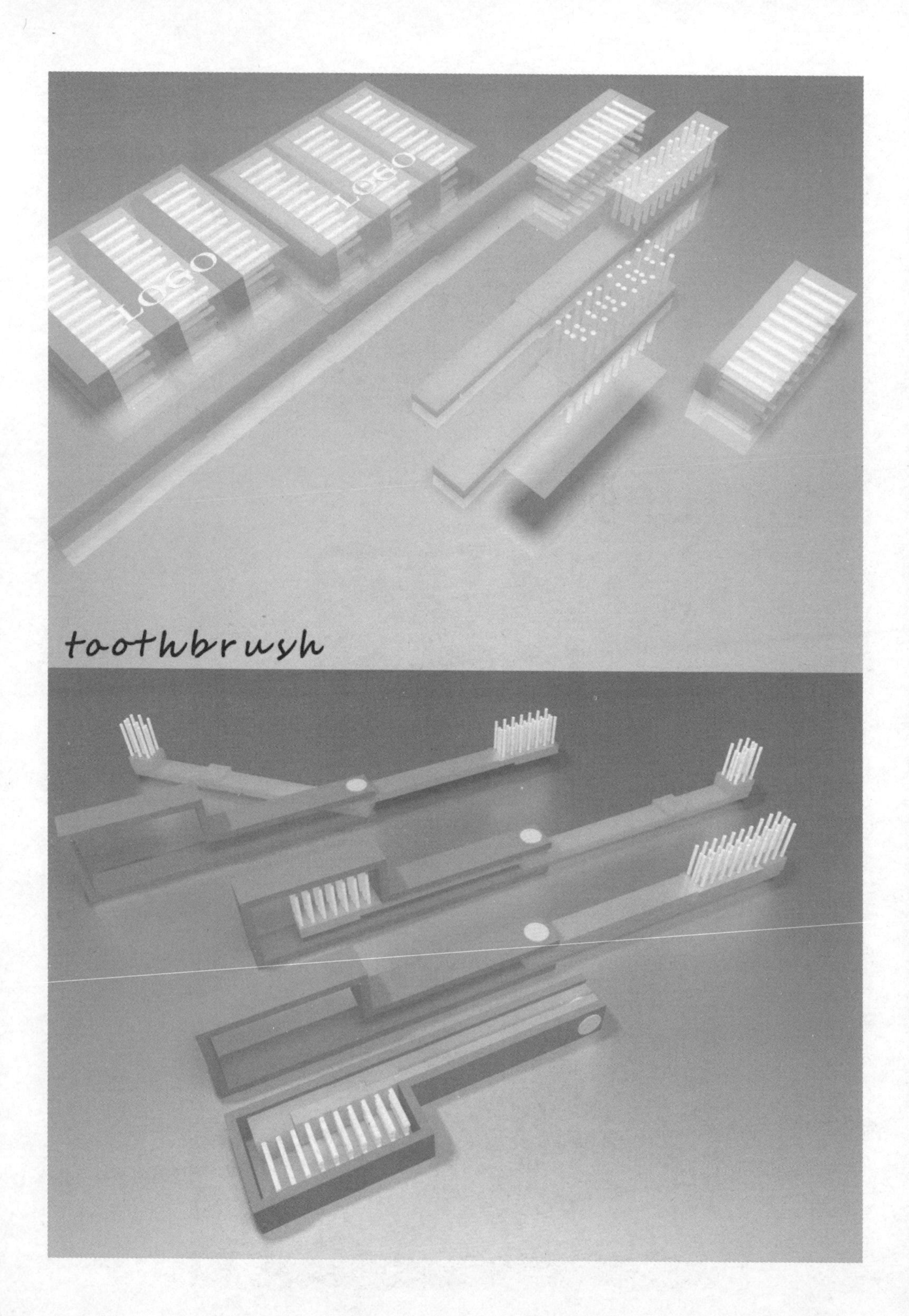
LOGO
LOGO
toothbrush

运作时中心发光

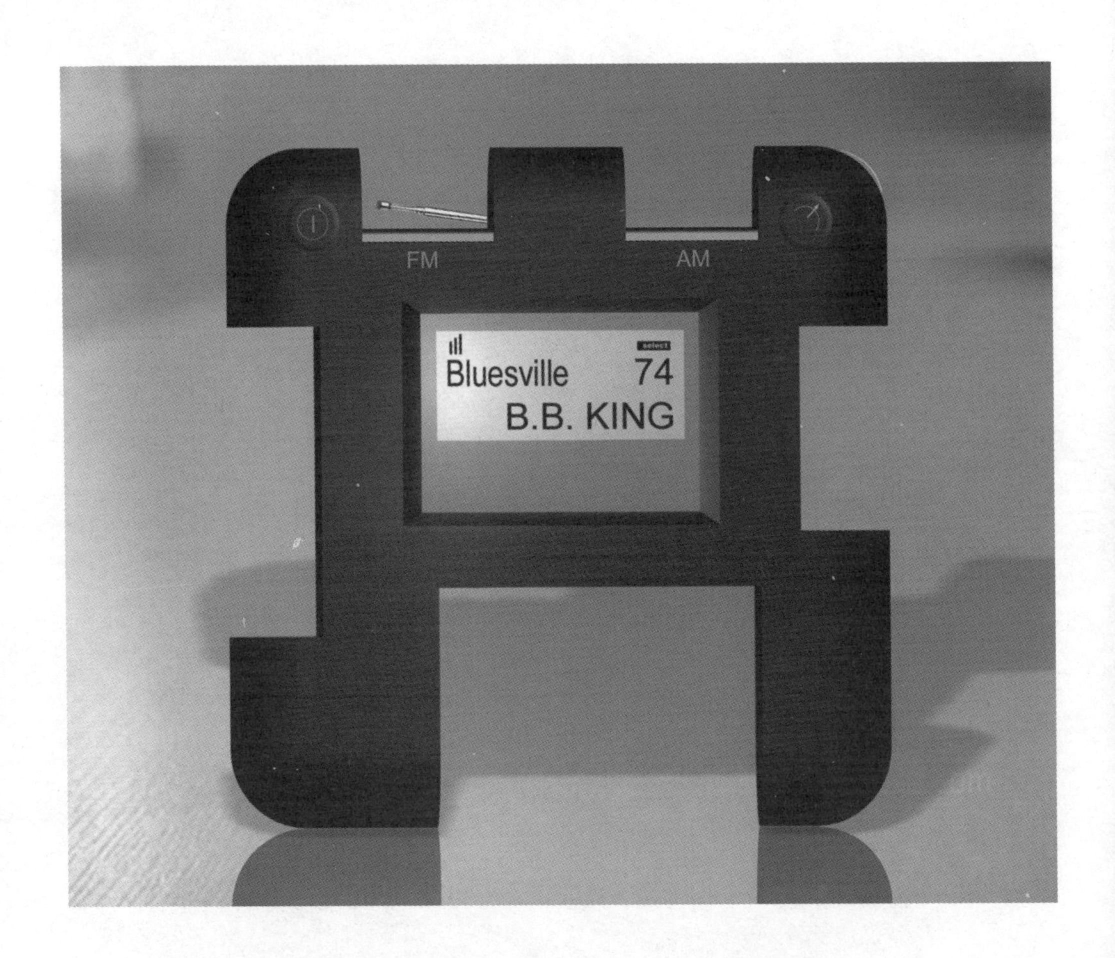
FM
AM
Bluesville
select
74
B.B. KING

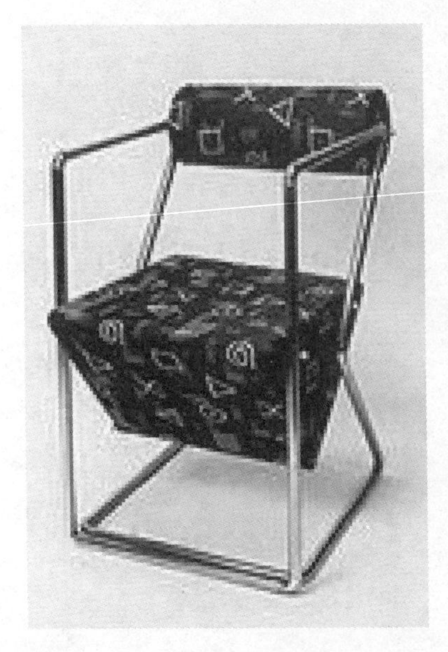

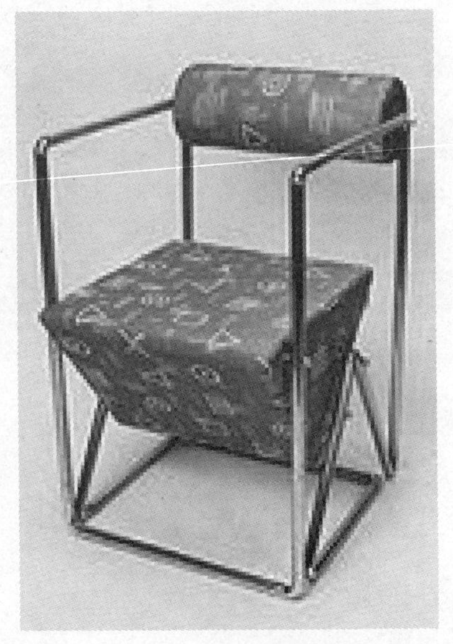

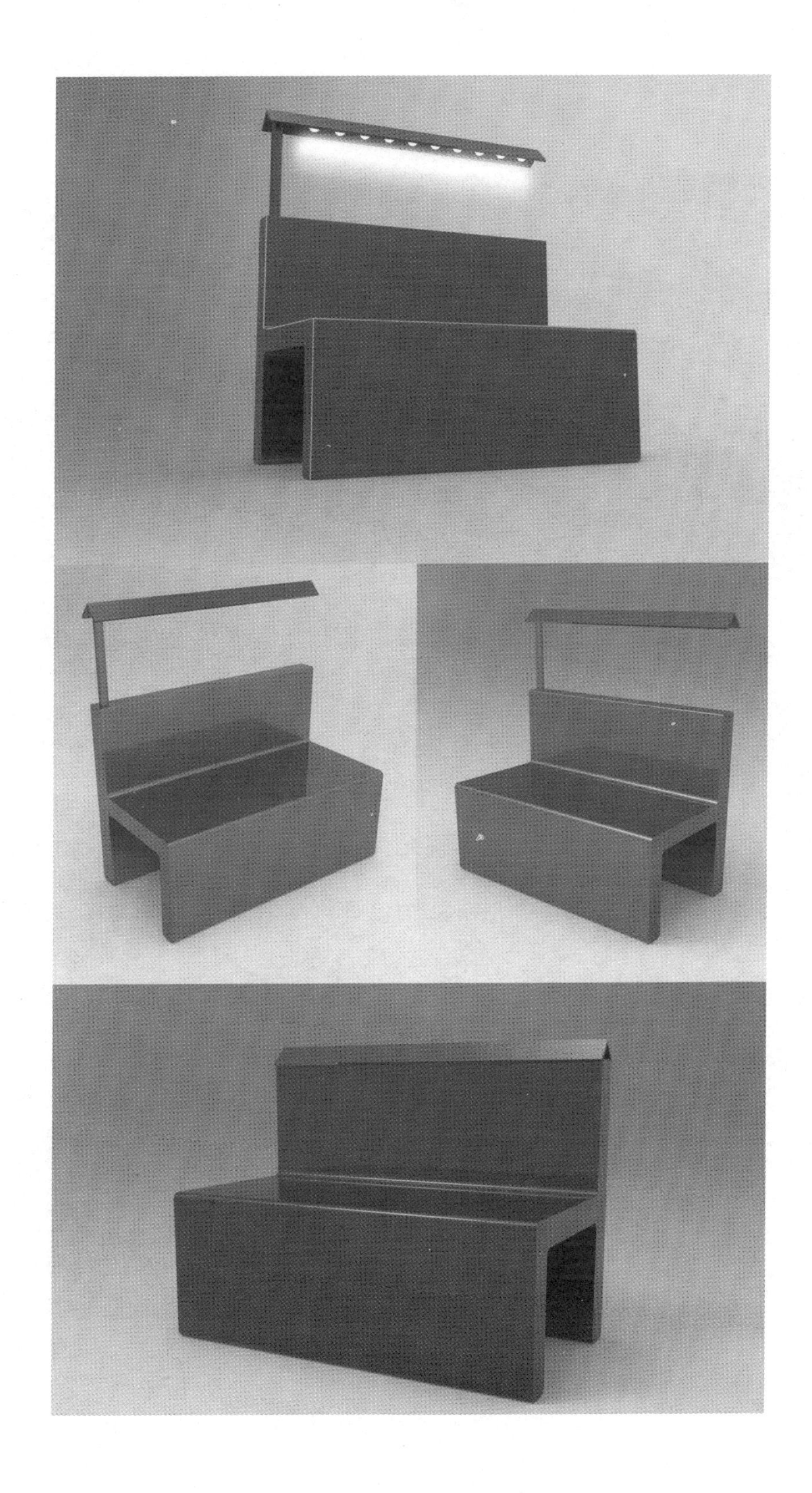

DIAMONDS
饮用水热水器 · 造型设计
功能展示
推开滑盖倒入饮水
轻点图标开始加热
3 秒速热无须等待
不锈钢接水盘下设置保温垫，
有效防止饮水过快变凉，节约
水源，避免重复加热
一键出水方便快捷

ReadingCoffee

——自助饮料机设计

"Reading coffee" 自助饮料机为小环境的人群而设计，产品秉承"简约、时尚、方便、体贴"的理念，进行人性化设计。饮料机提供咖啡、清茶、奶茶以及巧克力四种热饮，每种饮料均可对口味进行调整从而得到最适合您口味的饮品。产品具有大触摸屏以及智能操控理念，所有操作皆于指尖轻松完成，只需选择您的饮料轻轻按一下按键，便可坐下来细细品味，享受生活。

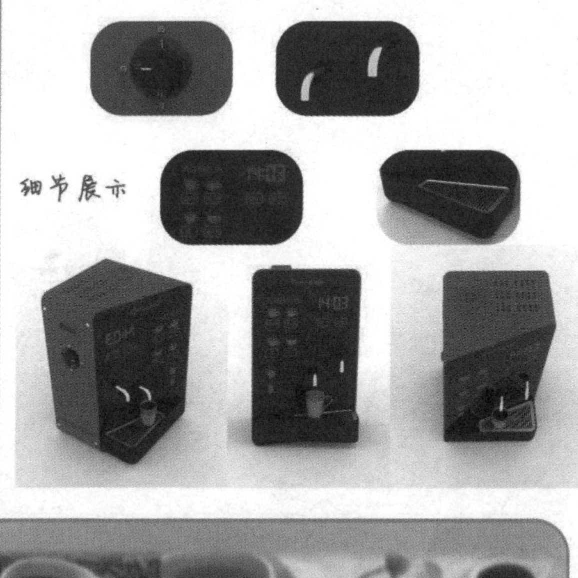

细节展示

操作演示

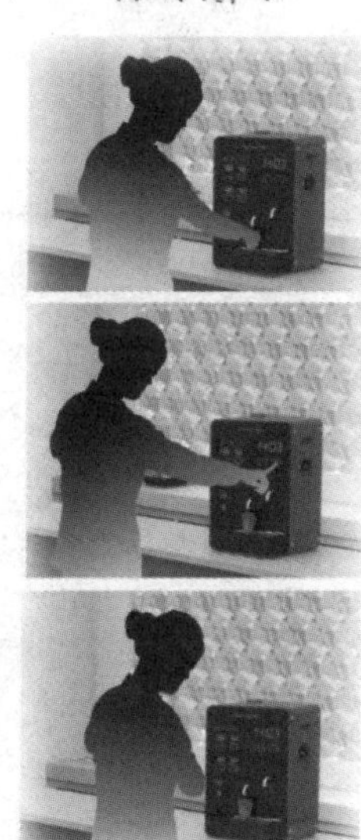

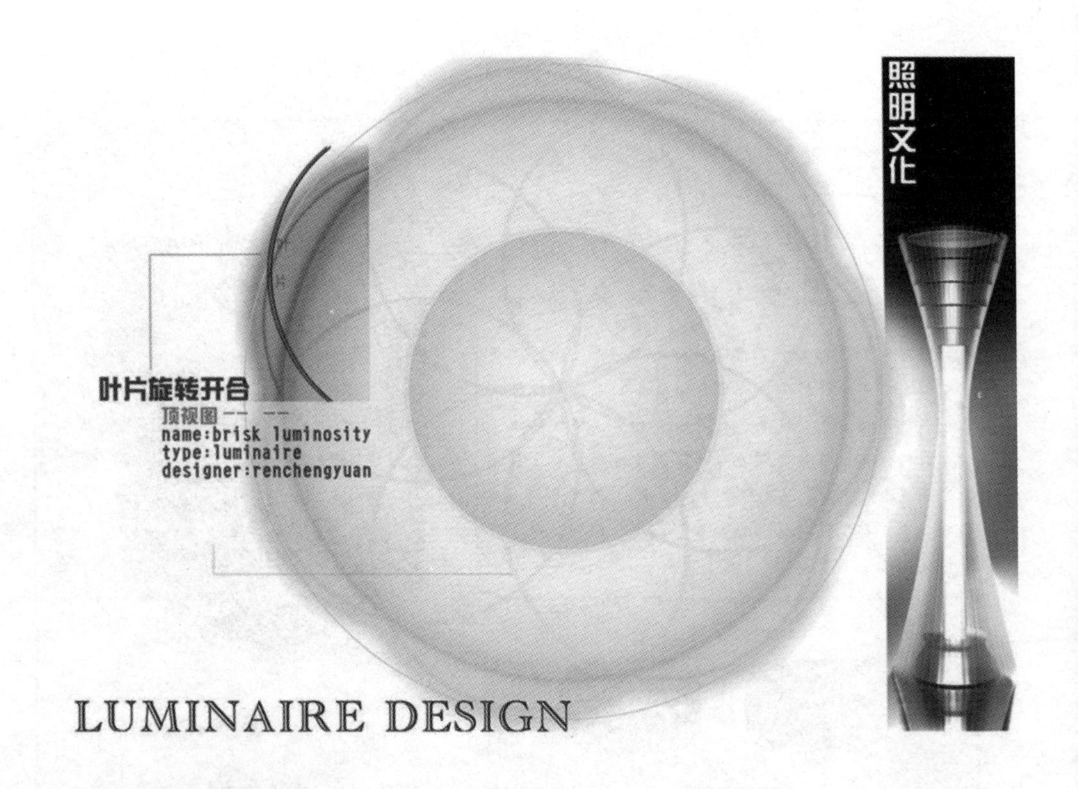
照明文化
叶片旋转开合
顶视图-- --
name:brisk luminosity
type:luminaire
designer:renchengyuan
LUMINAIRE DESIGN

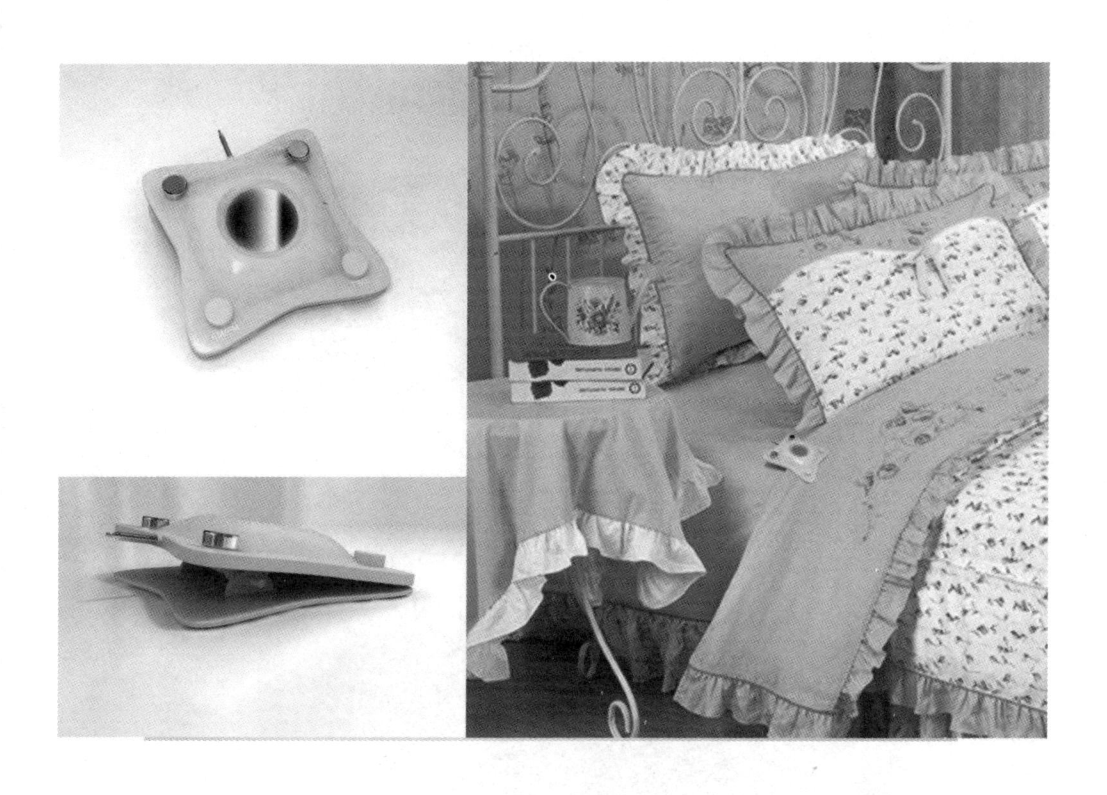

“悠然”播放器

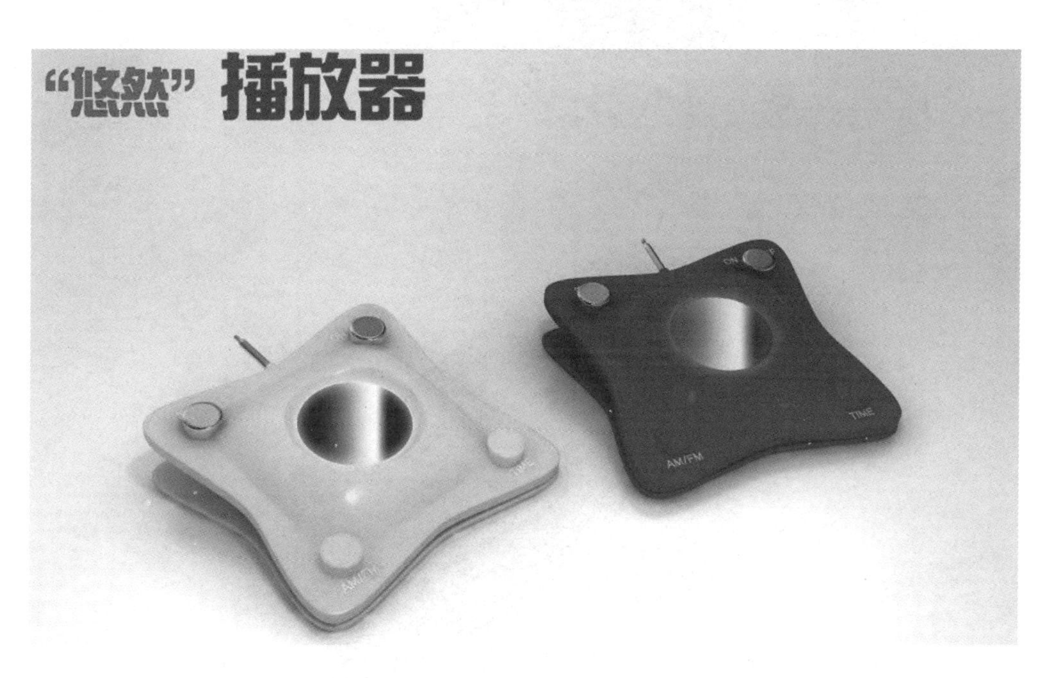

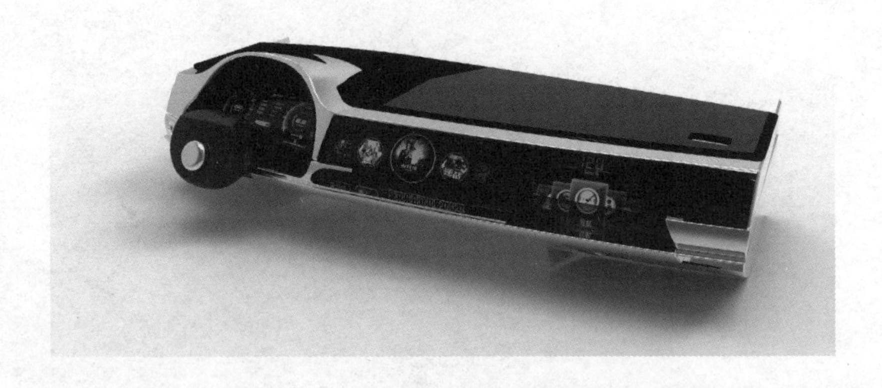

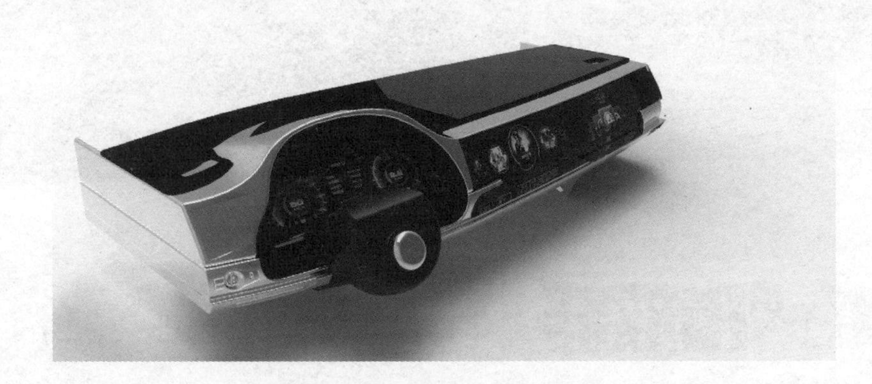

第7章

设计欣赏

Veega Tankun 设计了集针织技术和机织技术于一体的家具系列。这位伦敦的设计师通过结合传统工艺与现代技术，设计出许多有趣和大胆的产品，就像下图中的椅子，一个木制的框架加上大面积的编织椅套，既柔软又舒适。

hole&Corner

Popup Lighting 是以色列设计师 Chen Bikovski 以立体书为灵感创立的灯具品牌，设计师借助内部的构造，使投射在墙壁上的光就像是为灯罩增添了笔画，营造出真实物件的效果。这套仙人掌灯是她的最新作品，连底座也特意设计成了花盆。

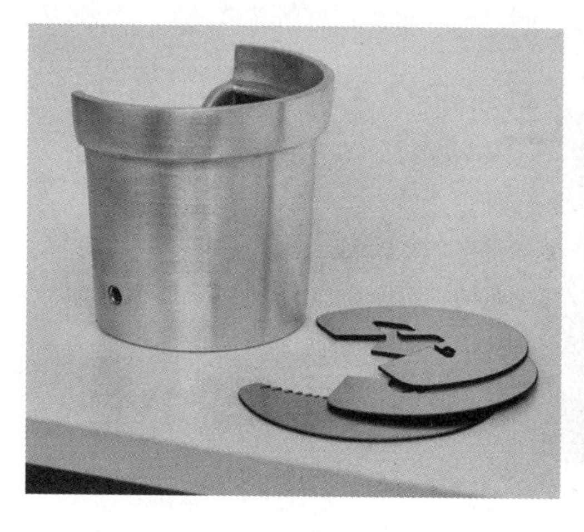

OJO 推出的这款电动车就像是被拉长的面条，线条流畅，有动感，半站立式结构提供了足够的腿部空间，车筐被放置在座位下方，基本上不会增加电动车的体积。自带 500 瓦电机，一次充电可行驶 25 英里，最高时速 20 英里，应付普通通勤足够啦！

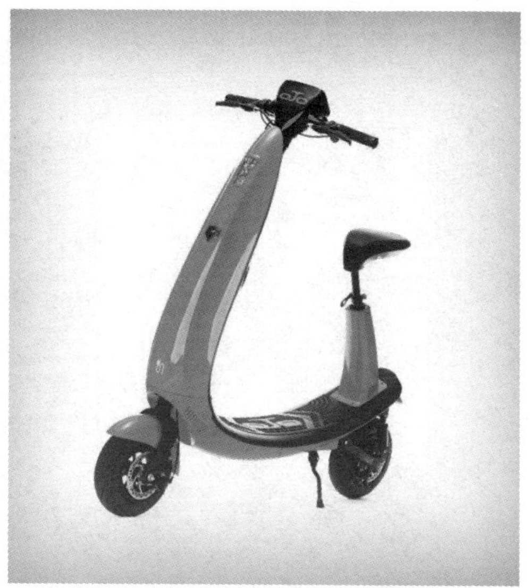

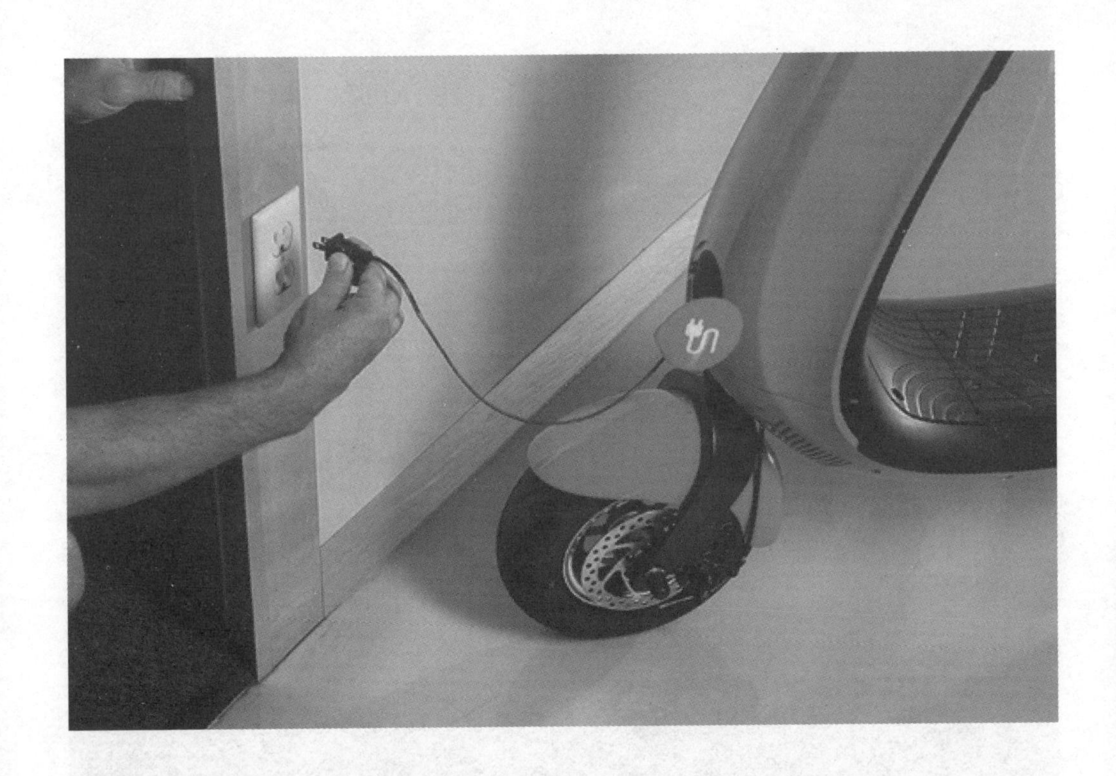

6BZW371

MALIBU

这是来自韩国工作室 Matter&Matter 的设计——Tropical Bird，它采用榉木、柚木或者枫木材质雕刻成小鸟造型的容器，经过精心打磨，可供细细把玩，当然也可以摆在台面上，用以收纳铅笔等小件东西。尽管小鸟已经失去了生命的光泽，但你的铅笔和文具会为它带来久违的颜色。

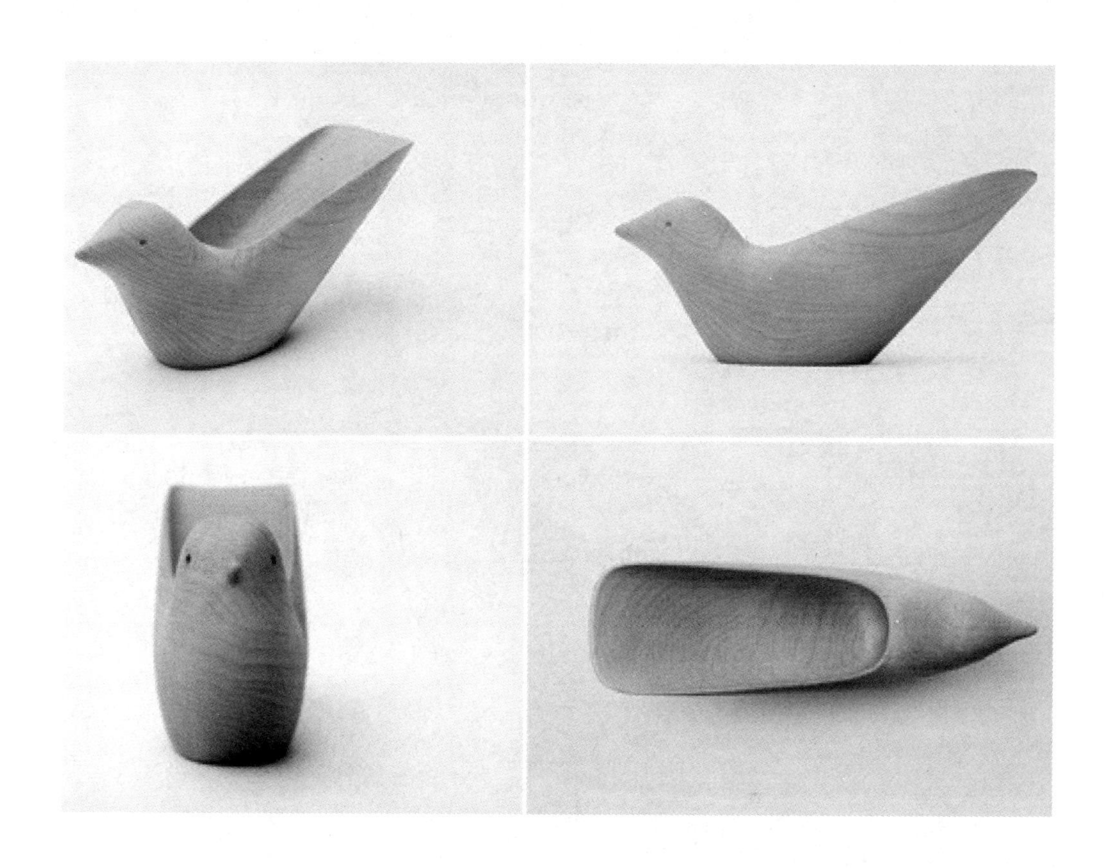

Manet 看上去根本不像一把椅子，设计师 Marta Szymkowiak 把它比喻成被放大的草丛，上面坐垫的部分由长而软的聚氨酯泡沫制成，颇有几何感。使用者不拘姿势，因为“坐垫”自己会去适应这个姿势，并把重量传递到椅子下方。“草叶”之间的地方可以放一些书籍，拿的时候很方便。

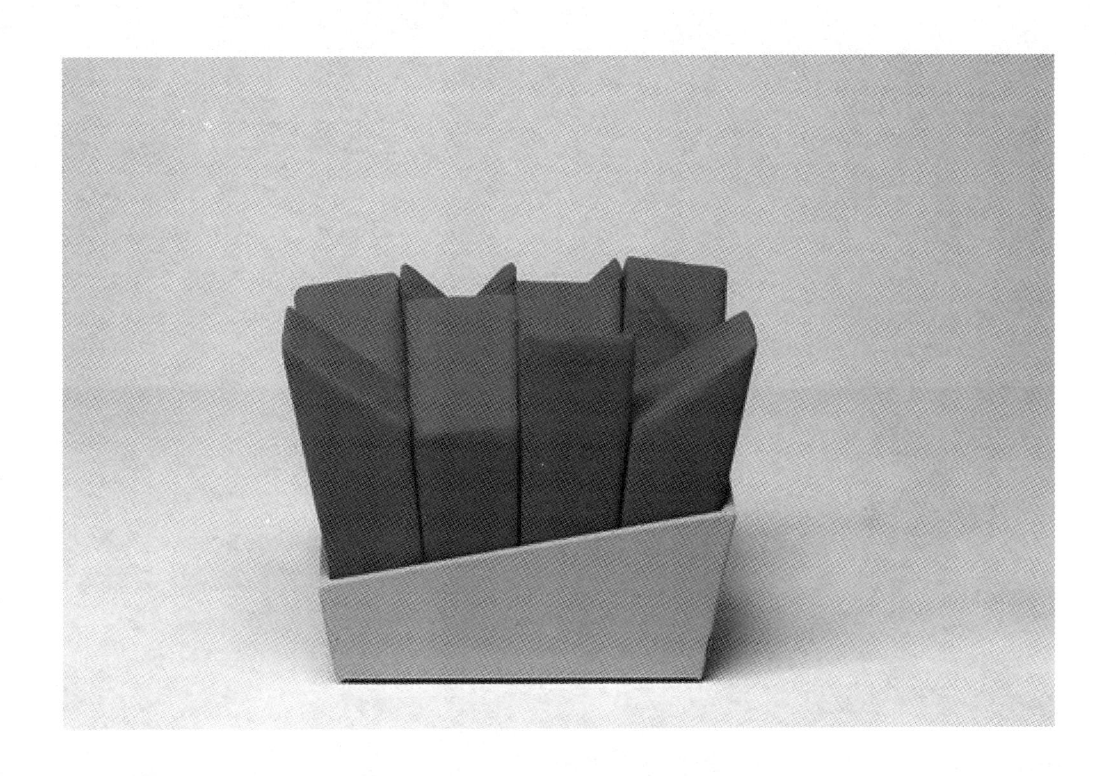

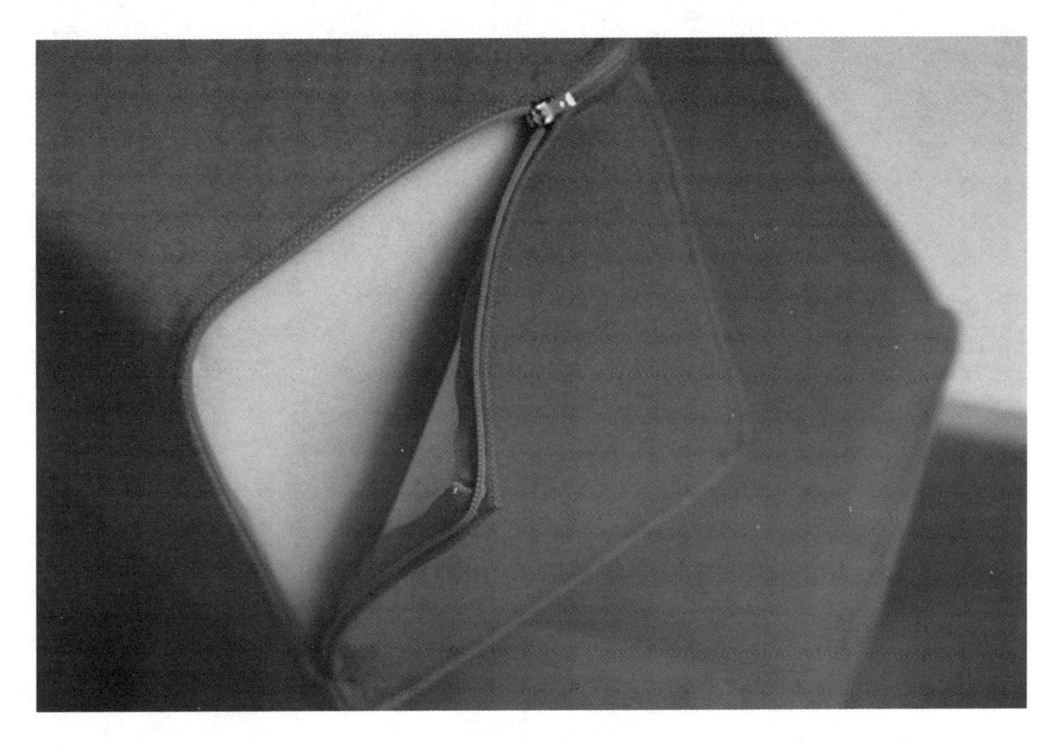

一把螺丝刀还能如何进行设计改造，竟然还能称得上一件艺术品？来自土耳其的设计师 erdem selek 设计了一款名为 PlusMinus 的成套螺丝刀，设计师重新诠释了这种普通的家居用品，独特的抛光表面与我们的生活空间和谐地融为一体，精美的工艺使其成为可以世世代代相传的珍贵工具。

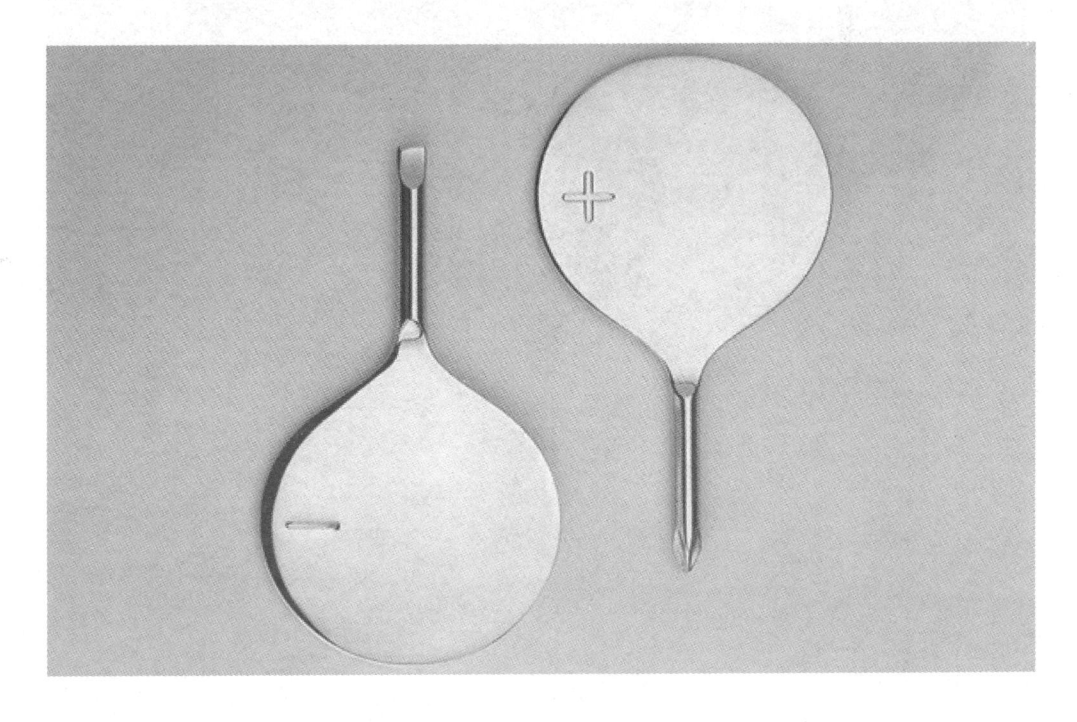

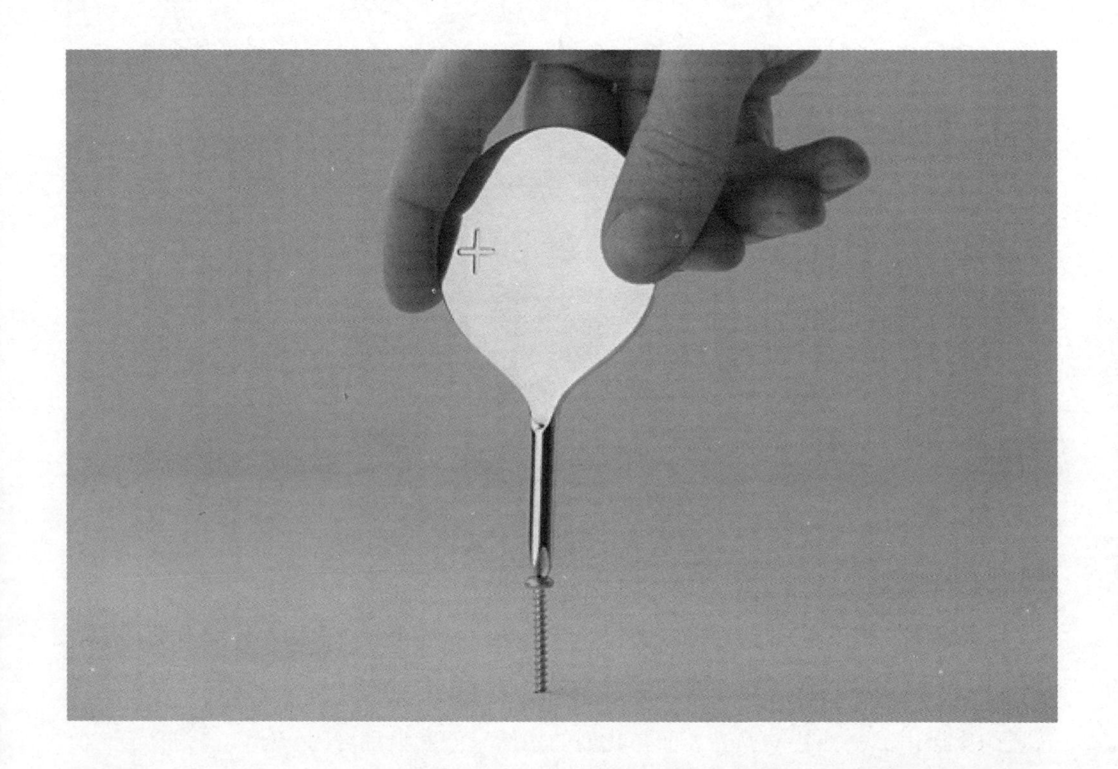

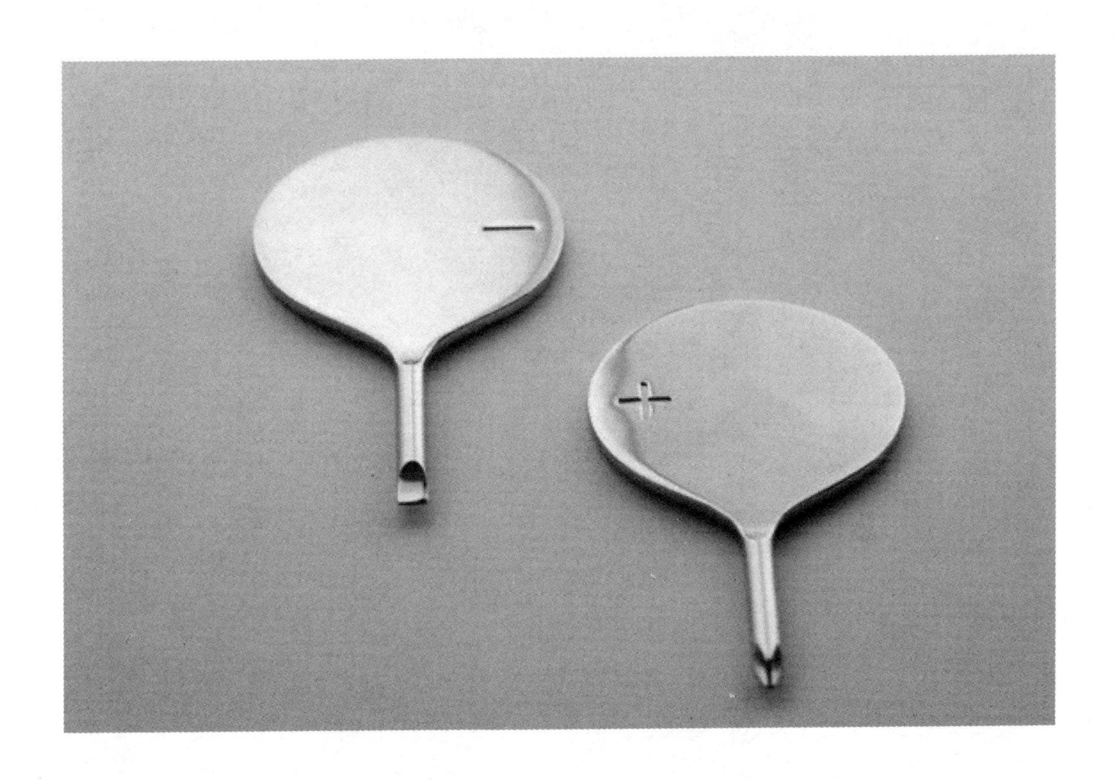

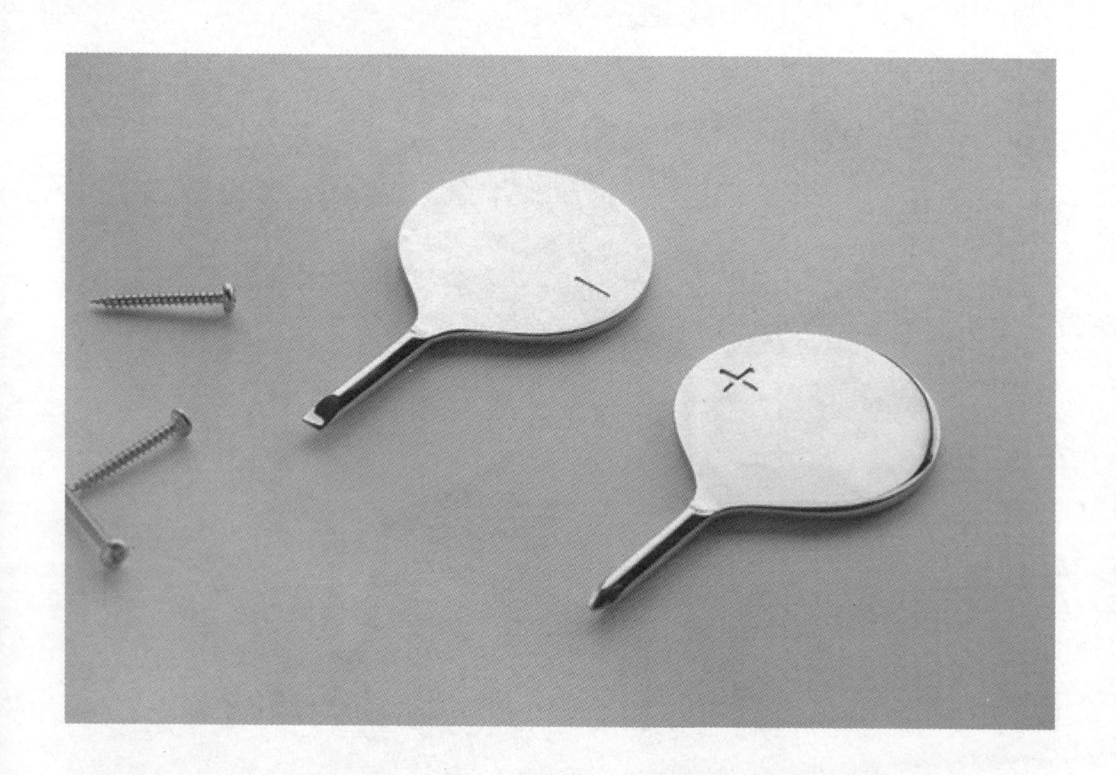

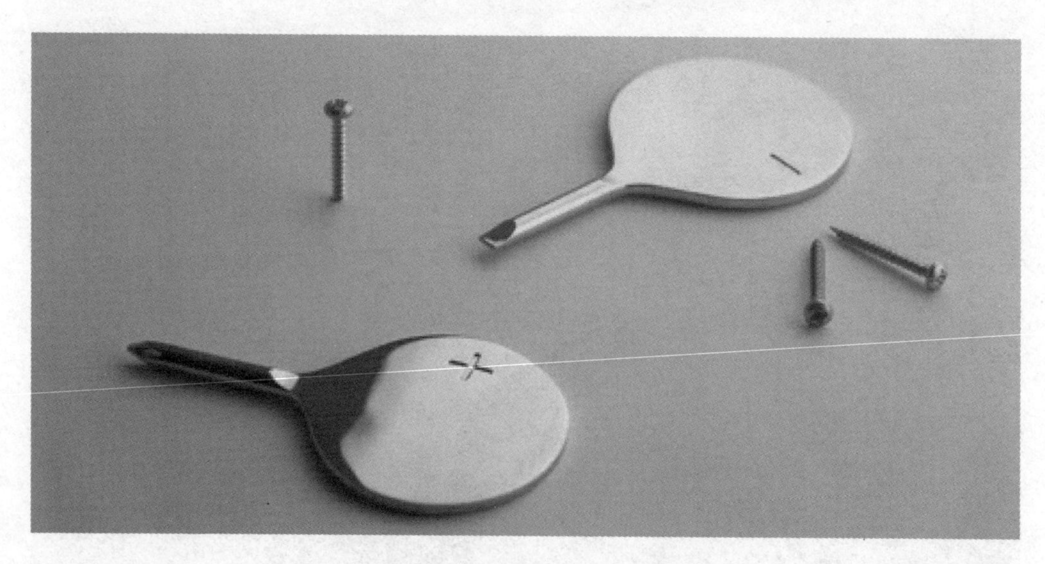

日本建筑师苏藤本为意大利品牌设计了 Bookchair 系列，其家具使用的是嵌入式 chair-shaped 元素。不使用的时候，椅子可以嵌入货架，不占用任何空间；使用的时候，椅子位于离书架最近的位置，方便使用者拿放。

热爱音乐的人走到哪里都有创作或演唱的冲动。Orit Dolev 设计的这款电子吉他形似一根法式面包棍，用柔软的硅胶材质的凸起代替原本的琴弦，不会向外发出声音，但可以通过耳机来调节或作曲，随时随地弹上一首，也是尽兴啊！

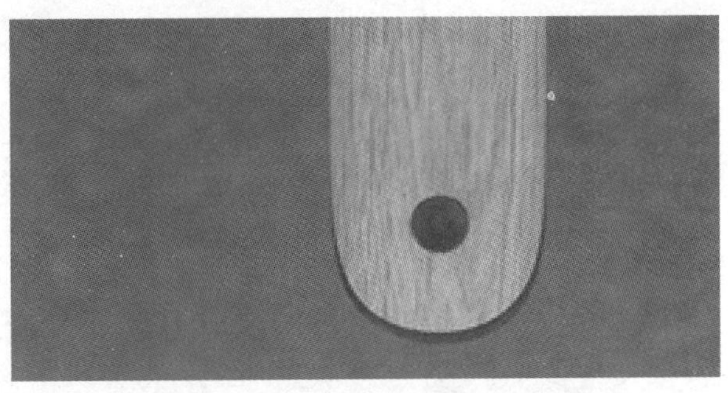

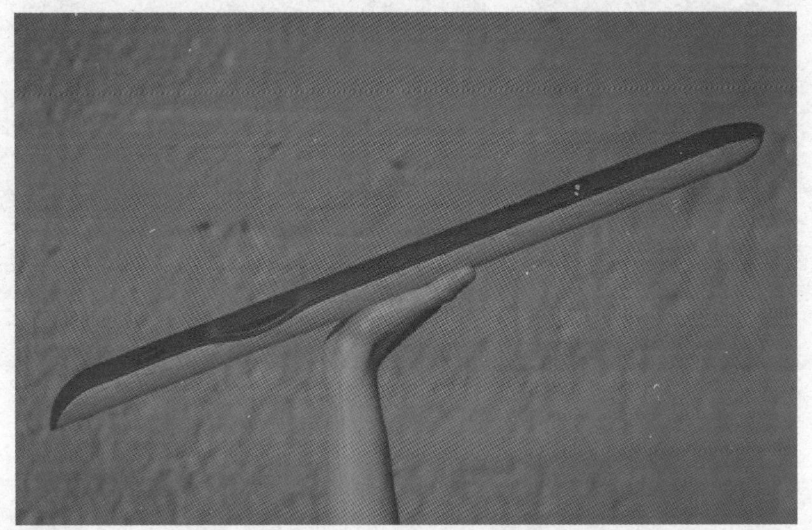

参 考 文 献

[1] [美] 乌利齐，[美] 埃平格，杨青著：《产品设计与开发》，北京，机械工业出版社，2015-06-01

[2] 何天平，白珩著：《面向用户的设计——移动应用产品设计之道》，北京，人民邮电出版社，2017-06-01

[3] 任成元：《师法自然的产品创意设计研究》，河北大学学报（哲学社会科学版），2012

[4] [法] 博丽塔 • 博雅 • 德 • 墨柔塔：《设计管理：运用设计建立品牌价值与企业创新》，北京，北京理工大学出版社，2012

[5] 陆定邦：《正创造 / 镜子理论》，北京，清华大学出版社，2015

[6] Ren Chengyuan,Cai Chen.Sustainability of green product design teaching and research.ASSHM.2014

[7] 任成元，郑建楠：《“农家乐”题材旅游文化纪念品设计研究》，载《装饰》，2013

[8] 鲁道夫阿恩海姆：《艺术与视知觉》，成都，四川人民出版社，2001

[9] Ren Chengyuan, Du Jinling.Creative Innovation Design Teaching Research and Practice.ERMM2016.2016

[10] Ren Chengyuan.The importance of computer hand painting to the product design ideation.CAID&CD 2009. 2009

[11] 任成元：《中国传统风筝的现代创意设计表现研究》，载《包装工程》，2010-08-20

[12] 原研哉：《设计中的设计》，桂林，广西师范大学出版社，2010